卓越安全管理

张华　张麟　刘兴瑞　等著

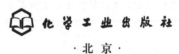
化学工业出版社
·北京·

内 容 简 介

卓越安全是一种变革性的事故预防方法或安全管理模式。优化企业安全管理，可以预防事故发生，确保企业可持续发展。卓越安全以 STAMP［safety（安全），thinking（思维），attitude（态度），method（方法），principle（理念）］保证策略为指导思想，解决为什么要做安全的问题，以重塑安全文化为路径解决如何做的问题，以 8 大黄金准则为核心解决做什么的问题。将安全贯穿于企业日常经营的各个环节，激励全员，培育领导示范、全员负责、聚焦风险、维护屏障、人人干预、追求卓越的安全文化。

本书围绕 STAMP 保证策略和 8 大黄金准则（领导示范、风险管理、零事故愿景、安全融入生产经营全过程、能力培养、设备完整性、质量保证、激励机制），阐述卓越安全管理的实施方法和经验。同时还讲述了管理中人人干预的重要性和方法及如何将安全管理工作化繁为简，提高工作效率。

本书适合于企业各级管理人员、政府应急管理部门的各级工作人员，也可供第三方安全服务机构的管理人员和专业人员阅读，还可供高等院校相关专业师生参考阅读。

图书在版编目（CIP）数据

卓越安全管理/张华等著 . —北京：化学工业出版社，2023.4（2025.2重印）

ISBN 978-7-122-42827-1

Ⅰ.①卓… Ⅱ.①张… Ⅲ.①企业管理-安全管理
Ⅳ.①X931

中国国家版本馆 CIP 数据核字（2023）第 022613 号

责任编辑：高 震 杜进祥 　　　　　文字编辑：王春峰 陈小滔
责任校对：边 涛 　　　　　　　　　装帧设计：韩 飞

出版发行：化学工业出版社（北京市东城区青年湖南街 13 号 邮政编码 100011）
印 　装：北京科印技术咨询服务有限公司数码印刷分部
710mm×1000mm 1/16 印张 12½ 字数 146 千字
2025 年 2 月北京第 1 版第 5 次印刷

购书咨询：010-64518888 　　　　　售后服务：010-64518899
网 　址：http://www.cip.com.cn
凡购买本书，如有缺损质量问题，本社销售中心负责调换。

定 　价：59.00 元 　　　　　　　　　　　　版权所有 违者必究

前　言

　　党中央提出"新发展阶段、新发展理念、新发展格局",指出在高质量发展过程中,必须坚持"生命至上、人民至上",在企业的发展中必须确保员工的生命安全与健康,决不能以牺牲员工的生命与健康为代价。安全和发展是一体之两翼,驱动之双轮。安全是发展的前提,发展是安全的保障,二者相辅相成、互为一体。为了实现企业高质量的安全发展,要求员工在日常工作过程中,必须以追求卓越为目标,来面对自己的职业生涯和岗位工作。为此,我们编写了《卓越安全管理》一书,其目的是为企业在安全管理过程中追求卓越提供一定的理论基础和实践经验。

　　通过对诸多事故原因的分析和与国内外安全生产业绩良好的企业的对标,发现安全是企业综合管理的结果。企业只有全面提升整体的管理水平,做好日常生产经营的每个环节,才能预防事故的发生,或者说事故发生的概率才会大幅度降低,甚至实现"零事故"。我国安全生产的方针是"安全第一,预防为主,综合治理",其中的"综合治理"与《安全生产法》中的"管行业必须管安全、管业务必须管安全、管生产经营必须管安全"的"三管三必须"是一脉相承、完全一致的。我们认为,安全是企业综合管理的结果,这可以避免某些企业将安全仅当作安全部门或安全专职人员的职责,也可以避免仅靠单一的手段或隐患排查去解决安全问题,还可以避免对待安全问题说一套做一套的"两张皮"现象。把安全当作企业综合管理的结果,就能充分调动全员参与安全管理,就能自然地落实全员安全责任,就能从根本上预防事故,防患于未然,就能实现让每个员工"高高兴兴上班来,平平安安回家去"的目标。

　　卓越安全管理能使企业的安全标准体系在现场得到具体执行。它是基于企业安全现状，从系统思维入手，推崇知行合一，应用 STAMP 保证策略协助"卓越安全"在企业落地，培育卓越安全文化和落实 8 大黄金准则，最终实现本质安全。STAMP 是指 safety（安全）、thinking（思维）、attitude（态度）、method（方法）和 principle（理念）。8 大黄金准则即领导示范、风险管理、零事故愿景、安全融入生产经营全过程、能力培养、设备完整性、质量保证、激励机制。《卓越安全管理》的指导思想就是跳出"小安全"的束缚，谋划"大安全"的格局，将安全当作企业综合管理的结果。在企业里不管是开展任何工作、任何业务，都必须在开展过程中谋划安全。本书倡导的追求卓越就是企业在生产经营过程中"执着专注、一丝不苟；坚持高标准，最严要求；精心规划设计，精心雕琢打磨，精心磨合演练，不断实现和创造奇迹"。《卓越安全管理》旨在使企业全员将安全当作核心价值观，并在日常工作中勇于实践、勇于创新，使全员在行动上践行安全价值观，从而形成卓越的企业安全文化。

卓越安全管理已经在石油化工、煤炭、建筑、城市燃气、交通运输等行业和领域得到很好的实践应用，并取得了一定的成效。卓越安全管理实践已经在鄂尔多斯电冶集团、延长石油集团、安东石油公司、中交能源有限公司等企业推广应用，相信在不远的将来，定能结出丰硕的成果。

本书在编写过程中，得到众多领导、专家和朋友的支持和帮助！这里特别感谢鄂尔多斯电冶集团总经理张奕龄，先正达集团人力资源总裁康旭芳，安东石油公司董事长罗林，应急管理部对外交流中心处长史艳萍，安东石油公司总裁范永洪，中交能源有限公司总裁关敏娟，安东石油公司执行副总裁沈海洪，北京交通大学原副校长宋守信，中国矿业大学教授傅贵，中国人民大学教授刘刚、冯云霞、姚建明、杨杜、蔡金峰、张伟艳、李金颖，中国工程院院士张来斌，中国海洋石油总公司原安全总监宋立崧，延长石油集团原安全总监张家明、安全经理王海洋，延长石油集团原安全环保质监部部长郝爱武，应急管理部原总工程师王浩水，中国人民大学商学院 2021 级 EMBA 同学薛娟、徐洁、李霏菲、孟楠、阮灿雄、谢育飞、张婧娟、彭禹斯、栾京、朱裕华等领导、专家、朋友的支持和帮助！

由于笔者水平有限，书中恐有疏漏之处，请大家多提宝贵意见，我们持续改进，追求卓越！

著者

2023 年 2 月

目 录

第一章

你追求卓越安全吗？

求其上，得其中；求其中，得其下；求其下，必败。

——《孙子兵法》

痛点： 许多企业认为自己非常重视安全，开展了大量的所谓安全管理方面的工作，比如制定安全规章制度、开展安全培训、召开安全会议、组织安全检查等，整天处于隐患排查和整改的疲惫状态，却没有实现预防事故、确保安全生产的目标。

第一节 追求卓越

追求卓越就是充分利用自身的优势、能力及所能调动的资源，将潜力发挥到极致，精益求精，全力以赴实现目标的状态。追求卓越是一种信仰，侧重的是过程，它没有真正意义上的终点，追求的是永无止境地超越自我的远大目标。追求卓越是不满足现状，不安于平庸，不断创新，追求最好。追求卓越是设定高标准，建立世界一流标准的卓越标杆。追求卓越是一种在乎未来的长期投资，是一个臻于至善的过程。要追求卓越，必须确保目标远大、全力以赴、精益求精三大引擎同时发力，同向发力。

一、目标远大

《论语》："取乎其上，得乎其中；取乎其中，得乎其下；取乎其下，则无所得矣。"《孙子兵法》："求其上，得其中；求其中，得其下；求其下，必败。"唐太宗李世民《帝范》："取法于上，仅得为中；取法于中，故为其下。"三部历史巨著都提到的"上"是什么？"上"就是卓越。"卓越"就是杰出、出色、优异、突出、最好、一流，也就是最高的标准、最高的目标。古人在几千年前就已经在追求卓越：设定高目标达到中等水平，设定中目标可能只到低等水平，设定低目标可能将一无所得。今天在我们的安全管理过程中，要提高现场的安全执行标准，我们先要设定一个高的标准和目标，只有追求高标准和高目标才能有利于我们改变现状。生活中有两种人：一种是设定卓越目标，追求卓越，一次又一次超越自我的人；另外一种是设定低目标，但是一直实现不了目标的人。其实企业也有两种：一种是追求卓越，创造辉煌的企业；另一种是"60分万岁"，但是一直不及格的企业。

二、全力以赴

全力以赴就是用尽全力，经过了多次尝试、应用了不同的方法、调动了所有资源去做一件事，是撸起袖子真正干，挖掘潜力，下定破釜沉舟的决心，坚定不成功决不罢休的做事态度。许多情况下，我们认为自己全力以赴了，但其实根本没有，我们没有挖掘自己的潜力。有人说世界上最成功的人的潜力也不过挖掘了八成，普通人的潜力可能只挖掘了三成左右。比如，一个小孩在搬一块大石头，父亲在旁边鼓励孩子：只要你全力以赴，就一定能搬起来。最后孩子告诉他父亲：自己虽然没有搬起来，但是自己全力以赴了。父亲说：你没有全力以赴，我在你旁边，你却没有寻求我的帮助。全力以赴是为了实现既定目标，"目标刻在石头上（图1-1），计划写在沙滩上"，也就是说目标是确定的，不能随意改变目标，一定要"咬定青山不放松"。但要及时根据实际情况、根据外部环境和内部条件的变化调整实现目标的计划和方法，采用最容易使目标实现的计划和方法，全力以赴地努力实现目标。

图 1-1　目标刻在石头上

三、精益求精

精益求精就是注重细节，精雕细刻，一丝不苟，追求完美。精益求精就是没有最好，只有更好，将自己所制造的产品、所做的事、所提供的服务做成他人难以企及的卓越标杆。

任何世界顶尖的企业、大学、社团、个人都是追求卓越的结果，自认哈佛就是卓越的同义词的哈佛大学也一直在追求卓越。哈佛大学校长劳伦斯·巴科宣誓就职时向学术界和世界传达了"就此启航，追求卓越"的思想："我们在每一件事情上都做到出类拔萃，我们以此为傲。因为哈佛就是卓越的同义词。我们在全球范围寻觅出色的学生和教师，使他们在哈佛的课堂、实验室、运动场、表演舞台展示才华，并在离校后为社会做出与众不同的贡献。我们对卓越的追求并不是拥抱精英主义，我们所指的卓越也不是与生俱来的特权，甚至不是那种天赋异禀。这并不能通过单一维度进行定义，这包含着灵感、想象力、坚毅和决断。我们所代表的卓越只有通过不懈地追求方可实现。"

国家电网公司的企业精神是：努力超越，追求卓越。始终保持强烈的事业心、责任感，向世界一流水平持续奋进，敢为人先、勇当排头，不断超越过去、超越他人、超越自我，坚持不懈地向更高质量发展、向更高目标迈进，精益求精，臻于至善。

第二节　卓越安全

什么是事故？什么是安全？为什么会发生事故？预防事故的本质是什么？

一、事故是企业综合管理水平差的产物

企业管理的某一个环节或多个环节失效、员工没有做好本职工作、企业文化没有影响员工以高标准的方式开展工作等说明企业综合管理水平差，所以造成了事故，也就是说造成事故的真正原因是企业综合管理水平差。当我们找到了造成事故的本质原因——企业综合管理水平差时，我们想预防事故就要践行系统思想，要将安全融入生产经营的各个环节，提高企业的综合管理水平，这也就很自然地使各级领导和全体员工重视事故预防，也就很自然地使全体员工参与安全管理工作，也就能预防事故。2021 年修订的《安全生产法》明确"管行业必须管安全、管业务必须管安全、管生产经营必须管安全"，"三管三必须"就是将安全融入具体的行业、业务和生产经营活动中，通过提升企业的综合管理能力预防事故。

二、事故是员工没有做好本职工作的产物

通过分析多起事故的根本原因和在多个企业的研究实践，我们发现绝大多数事故是由企业管理的某一个或多个环节失效造成的，不是由单纯的所谓的安全原因造成的。我们发现安全专职人员指责直线管理人员没有做

好安全工作,其实这种指责是错误的。不是直线管理人员没有做好安全工作,而是直线管理人员没有做好自己的本职工作,比如设备维修人员没有按照标准维修保养设备,结果造成了设备事故,可能引起人员伤亡、财产损失、环境污染。我们也深入分析了直线管理人员为什么没有做好本职工作,原因是企业文化没有对员工产生影响,使得员工没有按照高标准做好本职工作。

三、卓越运营、全面做好企业生产管理是预防事故的基础

国家提出安全管理要标本兼治,不能被动地跟着事故走,如果不加大投入,不从根本上解决问题,事故只会越来越多。如何做到标本兼治?如何做到从根本上解决问题?加大什么方面的投入?其实国外许多大型企业早已经不再被动地跟着事故走,而是通过卓越运营,全面地做好企业的日常运营管理,实现卓越安全。运营包括企业生产运行的各个环节,向整体运营要效益、要安全、要发展。通过加大设备设施、工艺、流程等的改造投入提升设备完整性和可靠性,从而实现本质安全,本质安全是预防事故的基础。提升设备设施的可靠性,通过卓越运营实现卓越安全,就是从根本上解决问题。

四、卓越安全是变革性的事故预防方法

当我们搞清楚了造成事故的原因,我们就明确了生产安全事故对于企业和员工来说不是无法避免的,只要提高企业综合管理水平,避免或减少企业管理过程中的疏漏,就能预防安全生产事故,就能预防员工的工伤事故,就能预防员工的职业病,就能让每位员工每天安全回家!在明确事故原因的基础上,经过多年的探索和实践,我们形成了卓越安全解决方案(简称卓越安全),通过安全优化企业全面管理,从根本上预防事故,卓越安全在多个企业广泛应用,提升了企业的安全管理水平。

卓越安全是一种变革性的事故预防方法或管理模式,通过安全优化企

业全面管理，首先预防事故，同时确保企业可持续发展，卓越安全黄金圈准则如图 1-2 所示。卓越安全以 STAMP 保证策略为指导思想解决为什么（why）的问题，以重塑卓越安全文化为路径解决如何做（how）的问题，以 8 大黄金准则为核心解决做什么（what）的问题。应使安全贯穿企业日常经营的各个环节，激励全员、培育领导示范、全员负责、聚焦风险、维护屏障、人人干预、追求卓越的安全文化，从而严格执行企业的职业健康安全管理制度及安全生产标准，提升企业的整体绩效和风险管控能力，实现安全生产，让每位员工每天安全回家。

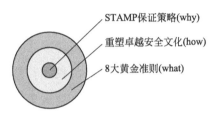

图 1-2　卓越安全黄金圈准则

1. 卓越安全 STAMP 保证策略

企业要改变安全现状，管理人员和员工首先要改变思维方式、理念、态度和工作方法等，只有思维方式和理念发生改变，才能在行为上改变，才能预防事故，这是因为思维方式决定行为，行为决定结果。基于这个改变原理，卓越安全形成了指导企业全员从生活方式、思维方式、态度、工作方法和理念等方面进行改变的策略，即卓越安全 STAMP 保证策略，确保企业安全变革有理论和策略基础。

2. 重塑企业卓越安全文化

卓越安全基于 STAMP 保证策略、核心价值观和企业客观的企业文化，激励全体员工在行动上体现企业的核心价值观，并将安全当作企业的核心价值观，使企业全员践行"共享的做事方式"，这种"共享的做事方式"就是企业期望建立的卓越安全文化。衡量企业卓越安全文化重塑效果的指标是各级管理人员在各种决策过程中能否体现风险管理思维，综合风险评估，将业务的风险管控到企业能承受的水平；全体员工能否体现安全行为，乐于整改和干预任何不安全行为；全体员工在自己的日常工作中能否完成符合质量标准的本职工作，使企业的隐患数量大幅度减少，实现预防事故的目标。

3. 卓越安全8大黄金准则

安全是企业综合管理的结果，卓越安全紧盯事故预防的核心要素，使企业从整体上预防事故，从而形成了卓越安全8大黄金准则，即领导示范、风险管理、零事故愿景、安全融入生产经营全过程、能力培养、设备完整性、质量保证、激励机制。8大黄金准则是职业健康安全管理体系及安全生产标准化的关键要素，卓越安全通过8大黄金准则使职业健康安全管理体系及安全生产标准化得到有效的执行，从而解决"两张皮"问题。

追求卓越安全就是企业"一把手"通过卓越安全领导力重塑卓越安全文化，以文化驱动全员，使其以高标准完成本职工作，确保所有的屏障可靠，将企业的安全生产风险管控到期望的状态。实现卓越安全后会带来卓越安全绩效，如图1-3所示。首先，企业没有人员伤亡、职业病等事故发生，保障了企业员工、承包商员工及社区人员的生命安全和健康。其次，卓越安全绩效反映的是企业的卓越运营，也就是产量、效率、员工满意度、利润、信誉等提高。这些卓越安全绩效数据反映在财务报表上，是对资本市场最好的回馈，同时又会持续赢得资本市场的青睐。再次，卓越安全绩效得到社会、客户认可后，企业会更努力地保持卓越安全绩效，同时卓越安全绩效也会为企业赢得更多、更好的客户，以确保企业的可持续发展。以安全为突破口，从安全抓起，能实现企业的全面提升，从而实现卓越运营。许多企业将安全当作核心竞争力，其实本质上是企业实现了卓越的企业管理或企业运营，也就是说企业本身的卓越管理是其核心竞争力。在全世界都重视安全的情况下，企业宣传安全是核心竞争力当然非常好，很有利于大家高效地提升企业的安全管理。

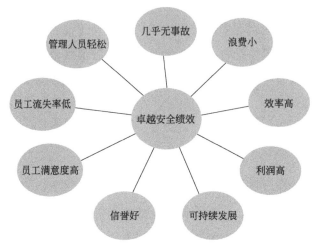

图 1-3　卓越安全绩效

第三节　卓越安全企业的特点

我们通过对国内外卓越安全企业的对标调查发现，卓越安全企业在认识和实践方面有 8 大特点，如图 1-4 所示。

安全是企业综合管理的结果	全员参与安全就是人人做好本职工作	安全是企业的核心价值观	安全融入生产经营全过程	全员开展以维护屏障为基础的风险管理	人人干预不安全行为	系统培育全员的综合管理能力	卓越的企业文化是执行力的保证

图 1-4　卓越安全企业 8 大特点

一、安全是企业综合管理的结果

安全是企业综合管理的结果,不能依靠单纯的所谓的安全手段实现卓越安全,只有靠全面提高企业的综合管理水平,才能实现卓越安全。雪佛龙石油公司 2018 年创造了当时历史上最好的健康安全环保纪录,在当年雪佛龙的所有业务中,既没有发生自己公司员工的死亡事故,也没有发生承包商员工的死亡事故,这也是石油化工行业健康安全环保卓越的表现,雪佛龙引领行业树立标杆。同时和行业的竞争对手相比,雪佛龙的 5 年回报率比其他公司高 7 美元,见图 1-5。也就是说企业综合业绩好,安全生产状况也就好,当然好的安全生产状况也反映出好的综合业绩。

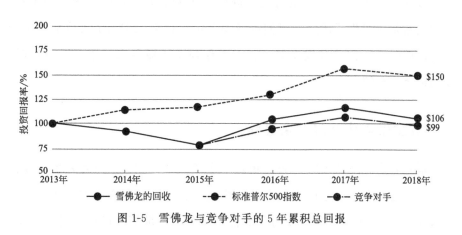

图 1-5 雪佛龙与竞争对手的 5 年累积总回报

二、全员参与安全就是人人做好本职工作

卓越安全企业认为所谓的安全问题或事故,不是管理人员和员工没有做好安全工作,而是管理人员和员工没有做好自己的本职工作。每位员工确保自己的工作质量是预防事故的基础,每位员工的工作质量是实现全员参与安全的主要抓手!许多企业只重视产品质量,轻视员工的工作质量,实际上隐患都是管理人员和员工的工作质量不达标的体现,当然部分员工工作质量不达标是由于企业的资源不足或管理不善造成的。

卓越安全企业都在参考六西格玛,就是追求 99.99966% 的正品率(合格率），保证了产品和服务的质量，减少了浪费，赢得了客户，也就自然地预防了事故，确保了企业的可持续发展。我们在日常工作中需要转变观念，改变粗暴的安全管理的方式，不要给员工扣上安全意识不强、安全能力不足的帽子，而是建议和要求管理人员和员工先做好自己的本职工作。

三、安全是企业的核心价值观

卓越安全企业认为当企业将安全当作企业的核心价值观时，企业的管理人员和员工在决策中就必须体现安全最重要，在工作过程中产生矛盾需要决策时，践行安全价值观，做到安全第一。当安全与成本产生矛盾时，我们选择安全第一；当安全与生产进度产生矛盾时，我们选择安全第一；当安全与发展产生矛盾时，我们选择安全第一；当工作与个人或他人生命产生矛盾时，我们选择安全第一；当工作与个人或他人健康产生矛盾时，我们选择安全第一。

四、安全融入生产经营全过程

卓越安全企业认为安全必须融入生产经营全过程，只有做好生产经营全过程的每个环节，才能实现卓越安全绩效。国际知名企业都是通过提高经营能力实现卓越安全绩效的，也就是将安全、健康、环保、成本控制、质量、产量、设备、原材料、员工能力等当作经营中的一个环节，放在一起全面考虑，而不只是考虑一个方面。将安全融入生产经营全过程之后，就确保了做任何工作都会考虑安全、都会策划安全、都会尽力保证安全的管理机制。只有将安全融入生产经营全过程，才能解决"小马拉大车""两张皮"等安全管理过程的顽疾。

卓越安全企业解决了"两张皮"和"小马拉大车"的问题。

"两张皮"就是"写一套做一套"，职业健康安全管理体系或安全生产标准化中规定了非常高的书面标准，但是在现场体现的执行标准却很低。由于存在严重的"两张皮"问题，职业健康安全管理体系或安全生产标准化不但没有起到作用，还误导大家盲目地做纸上工作，企业花了许多时间在纸上做安全，实际上在现场没有落实，也就没有起到预防事故的作用。部分企业的职业健康安全管理体系经过第三方认证，这让企业的管理人员认为自己的企业做好了安全工作，其本质是有了书面的或形式上的要求，但没有在现场执行和实施。

"小马拉大车"是指仅依靠安全管理部门做安全工作和仅依靠简单的安全手段解决安全问题。安全部门的人员每天很累，其实做了许多不是自己部门或自己岗位的工作，而且发生事故后，安全人员还有可能面临处罚。直线管理人员和属地管理人员努力提高产量，也很累，但是若有"安全"的事就去找安全专职人员，让安全专职人员决定或解决，就相当于没有落实"谁主管，谁负责"的安全管理责任，没有实现直线管理人员承担安全管理的责任。"小马拉大车"的后果是无法推进安全工作，或者发生事故。卓越安全企业将安全融入生产经营全过程就是在做任何业务时都必须考虑安全，真正地落实《安全生产法》规定的"管行业必须管安全、管业务必须管安全、管生产经营必须管安全"。

五、全员开展以维护屏障为基础的风险管理

卓越安全企业开展全面风险管理，认为风险是负面后果发生的可能性，全员在每项业务中都必须进行风险管理，也就是不发生负面后果，或者将负面后果发生的可能性降低到企业要求的程度。例如，采购人员在日常工作中确保采购的产品没有次品，采购到次品就是工作产生负面后果，也就是风险管理失效，也就是员工没有做好本职工作。

卓越安全企业针对某项工作完成风险评估之后，要求针对具体的风险建立严格的管控措施，也就是设置屏障，只有屏障有效，才能真正地管控风险，才能有效预防事故。例如，司机遵守交通法规，行人过马路时遵守红绿灯或者走地下通道，佩戴口罩以预防传染病，隔离患传染病的病人，驾（乘）车时系安全带就是屏障，在日常工作中只要确保这些屏障到位，同时确保这些屏障有效，就能预防事故，所以我们的日常安全管理工作就是保证屏障有效。

六、人人干预不安全行为

卓越安全企业认为干预是最简单、最经济、最有效的预防事故手段，鼓励任何人看到他人的不安全行为、不安全状况、管理的不足立即说"不"，也就是对于任何违规违章"零容忍"。以人为本，激活每一位员工的潜能，成为学习型、安全型、和谐型员工，并将安全管理工作下沉到岗位，安全文化生根到岗位，安全生产战略落地到岗位，从而实现"零事故"的目标，达到真正的人本安全。当人人主动进行干预的时候，企业就实现了人人都是安全员、全员参与安全管理的目标。

七、系统培育全员的综合管理能力

卓越安全企业认为只有员工具备开展本职工作、管控风险、影响他人所需要的能力时，员工才能保质保量地完成自己的本职工作，才能为企业全面预防事故打好坚实的基础。所以卓越安全企业针对具体的岗位设置了明确的岗位能力要求，开发了各种有针对性的岗位能力培训，给员工提供了各种资源和机会，以提高员工的综合管理能力，给员工加油，让员工跑起来，从而实现高标准的工作目标。

八、卓越的企业文化是执行力的保证

卓越安全企业认为企业文化的本质是全员践行由核心价值观形成的共享的做事方式，也就是全员共享的做事习惯。这种大家共享的做事方式决定了企业的全体员工遵纪守法、遵守标准、执行企业的操作规程、确保自己的工作质量、有效管控风险，也就会大量减少了不安全行为、不安全状况或管理的缺失，即没有或只有少量的隐患产生，换句话说卓越的企业文化使企业不产生隐患或产生的隐患很少。建立卓越的企业文化的关键是企业的高管在自己的决策中体现企业核心价值观，建立有利于全员践行核心价值观的机制。安全文化是企业文化的亚文化，当企业将安全当作核心价值观，形成了卓越的企业文化时，当然就形成了卓越安全文化。

第二章

卓越安全 STAMP 保证策略

有效管理者做的决策不会很多，他们聚集于那些重要的决策。

——彼得·德鲁克《卓有成效的管理者》

痛点： 有些企业领导更换之后，新领导将企业原来的安全理念或安全管理方法抛弃，引入新的安全理念或安全管理方法，结果企业一直没有建立自己可传承的或可持续的安全理念或安全管理方法。

第一节　STAMP 模型

经过多年的探索、研究、总结、开发，行业内形成了卓越安全 STAMP 模型（见图 2-1）。卓越就是处于模型中间的三大引擎——目标远大、全力以赴、精益求精，这是我们追求卓越的动力。构成五角星的每个等腰三角形的腰和底边是黄金分割关系，黄金分割是最美的搭配，也暗示着追求卓越。五角星外的圆表示零事故，卓越安全的目标就是追求零事故愿景。STAMP 由五个单词的首字母拼合而成，分别位于五角星的 5 个顶点上，S是 safety（安全）的首字母，T 是 thinking（思维）的首字母，A 是 attitude（态度）的首字母，M 是 method（方法）的首字母，P 是 principle（理念）

的首字母。

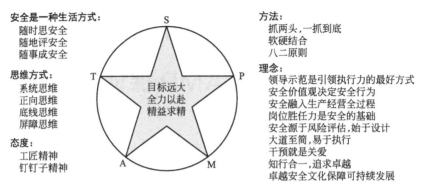

安全是一种生活方式：
随时思安全
随地评安全
随事成安全

思维方式：
系统思维
正向思维
底线思维
屏障思维

态度：
工匠精神
钉钉子精神

方法：
抓两头，一抓到底
软硬结合
八二原则

理念：
领导示范是引领执行力的最好方式
安全价值观决定安全行为
安全融入生产经营全过程
岗位胜任力是安全的基础
安全源于风险评估，始于设计
大道至简，易于执行
干预就是关爱
知行合一，追求卓越
卓越安全文化保障可持续发展

图 2-1 卓越安全 STAMP 模型

如果我们每个人所做的每项工作都能保证符合质量标准，每个组织所做的每项工作都能保证符合质量标准，也就是所做的事都有质量保证，是不是就能预防事故了？答案是肯定的。所以卓越安全 STAMP 模型首先是一个保证所做工作都符合质量标准的承诺，大家先承诺自己所做的工作符合质量标准，能够保证质量。任何所谓的安全事故发生之后，在进行事故调查时，总能发现企业内部某项工作没有做好，比如设备维修有问题、员工能力有问题、员工违章、设备超负荷运行等。其实设备维修有问题，就是设备维修未满足质量要求；员工能力有问题，就是员工培养未满足质量要求；员工违章，就是员工在遵守规章制度时未满足工作质量要求；设备超负荷运行，就是领导在要求运行设备时未满足质量要求！

也就是说，造成事故的一类主要原因是未满足质量要求。如果我们在日常工作中保证所做的每项工作都符合质量标准，就能大幅度地预防和减少事故。质量是企业的生命，要确保企业提供的产品符合质量要求，企业应注重每个细节的质量，从而全面提高产品质量，进而提高企业的整体管理水平。安全是每个人的责任，质量是让每个人承担安全责任的抓手。做好质量工作，就能预防事故，既保障员工的生命，也保障企业的生命。卓越安全 STAMP 模型提醒大家重视和保证本职工作的质量，就是卓越安全的实现。

人们吃饭时考虑安全、人们喝水时考虑安全、人们在马路上行走时考虑安全、人们居家时考虑安全（关门防盗、关气防火防毒、关水防漏等）、人们工作时考虑安全、人们理财时考虑安全、人们和他人相处时考虑安全等，这些说明任何人在任何时候都要考虑安全、做任何事情都要考虑安全、在任何地方都要考虑安全。安全是一种生活方式，当安全成为人们的生活方式时，成为一种自觉的行为，人们就会自然地、本能地、无意识地思考和行动，做好安全。在日常生活中不注重安全行为的人，在企业也不会重视工作安全，因为其没有形成安全的生活习惯。在企业重视安全的人，同样会在日常生活中也重视自己的安全行为，确保自己和家人的安全。

第二节　安全思维方式

思维方式是思考问题和看待事物的角度、方式和方法，它对人们的言行起到决定性作用。有人将思维方式定义为人们的理性认识方式，是人的各种思维要素及其综合按一定的方法和程序表现出来的、相对稳定的定型化的思维样式，即认识的发动、运行和转换的内在机制与过程。通俗地说，思维方式就是人们观察、分析、解决问题的模式化、程式化的"心理结构"。只有转变人的思维，才能改变行为，才能实现期望的结果。《高效能人士的七个习惯》一书阐述了改变思维方式的途径：要想有少许的改变，只需改变自己的行为；要想有跃进式的改变，就得改变自己的思维模式。观念变，行为变，有所得。思维方式不改变，体现出的行为不可能持久，这就是为什么许多企业存在员工和管理人员有"猫抓老鼠"的现象。管理人员在场，员工就戴安全帽，管理人员一离开，员工就摘掉安全帽，结果就在摘掉安全帽的时候发生事故了。

卓越安全解决方案推崇四种思维方式，分别是正向思维、系统思维、屏障思维和底线思维。

一、正向思维

正向思维是一种进取的思维方式，它代表积极向上的思考和处事方法，鼓励、激励、支持全员承担责任开展安全管理工作，而不是靠批评和处罚的负向压迫方式开展安全管理工作。

我们在实践中发现，从反"三违"（违章指挥、违章操作、违反劳动纪律）到"合规"思维的转变会带来巨大变化。许多企业在生产过程中大张旗鼓地反"三违"，多年努力反"三违"的效果如何呢？每年生产事故时有发生，这些事故90%以上是由违章造成的，这好像说明我们的反"三违"工作并没有实现消除违章的目标，为什么呢？我们在上百次的培训研讨中讨论过反"三违"和强化"合规"，得到的反馈是：一部分的学员接受强化"合规"，一部分的学员不接受反"三违"。其实反"三违"就是为了实现"合规"，为什么大家不接受反"三违"呢？这其实是一个心理学问题，也就是思维模式的不同。

当上级单位与下级单位谈论反"三违"问题时，也就是上级单位先给下级单位戴上一顶"三违"问题的帽子；当领导与员工探讨反"三违"问题时，也就是领导先给员工戴上一顶"三违"问题的帽子。当团队或个人被戴上一顶"三违"问题的帽子时，谁愿意心甘情愿地分享自己的"三违"问题？谁不回避、谁不隐瞒"三违"问题？况且部分人员可能就没有所谓的"三违"问题。可是，当我们只改变一个提法，将反"三违"改为强化"合规"时，情况就发生了180°的大逆转。当上级单位与下级单位谈论强化"合规"时，也就是上级单位先给下级单位戴上一顶"合规"的帽子；当领导与员工探讨强化"合规"时，也就是领导先给员工戴上一顶"合规"的帽子。当团队或个人被戴上一顶"合规"的帽子时，团队或个人会特别积极主动地分享自己强化"合规"的经验和案例，并自发地分享自己面临的"违章"问题，同时主动寻找解决"违章"问题的方法。

当整天反"三违"时，所有人员的眼中或脑海中往往只有"违章"，最后得到的结果是强化"违章"，当然"三违"一直存在，也就不能实现"合规"，也就不能预防生产事故。当整天强化"合规"时，我们在给团队或员工赋能，大家在思考和践行"合规"，最后得到的结果是"合规"，我们培育了合规文化，当然"三违"情况就会大幅度地减少，从而预防了违章造成的事故。

如果我们长期做一件事情，却没有取得事半功倍的效果，那就需要反思自己的思维方式，例如改变思维方式，从反"三违"到强化"合规"。

二、系统思维

系统思维就是人们运用系统观点，把工作对象互相联系的各个方面及其结构和功能进行系统认识的一种思维方法。整体性原则是系统思维方式的核心，这一原则要求人们无论干什么事都要立足整体，从整体与部分、整体与环境的相互作用中来认识和把握整体。"不谋万世者，不足谋一时；不谋全局者，不足谋一域"就是强调系统思维。在企业的安全管理过程中，领导示范、人员能力、工作质量、工作态度、责任承担、资源投入、收入分配、激励方式、设备完整性、风险管理、项目管理、企业文化等都影响或决定安全绩效。我们要运用系统思维的方式，对这些要素全面地、综合性地进行考虑，提高企业的整体绩效，从而从根本上预防事故。只有运用系统思维，才能改变我们仅依赖于安全专职人员、仅依赖于应用简单的安全方式解决系统的安全问题的情况。只有运用系统思维，才能实现真正的全员参与，才能从提高企业的综合管理水平上预防事故。

三、屏障思维

屏障思维是设置屏障，系统管控风险的一种思维方式。屏障思维的定义：识别危险源，针对具体的危险源设置屏障，安全关键岗位按照安全关键程序执行安全关键活动以维护屏障的有效性，防止危险源释放，或将危险源释放造成的危害降到最低的管控风险的思维方式。屏障是预防事故的最直接的措施，能不能预防事故的关键在于是否有屏障或者屏障是否被维护在有效的工作状态，所以屏障思维就是将大家预防事故的注意力及资源引导和聚焦到屏障的确认和维护。在屏障维护中，应识别和确认安全关键程序、安全关键岗位、安全关键活动、安全关键设备（硬件屏障），这样既维护了屏障的有效性，又将日常的安全管理责任真正地落实到每个岗位，也就实现了全员参与安全管理。

四、底线思维

底线思维就是遵守最基本的标准，管控风险以实现基本目标，同时又争取最大期望值的思维方式。底线是最低的限度，也就是"门槛"，底线起着"最起码保证"的作用。一件事能不能成为底线，关键是看这件事如果没办好，会不会前功尽弃？会不会不可逆转？会不会无法补救？会不会导致全局被动？底线思维注重的是对危机、风险、最低限度的重视和防范。在日常的安全管理过程中，底线思维主要体现在三个方面：第一，遵守法律法规的底线，如果不遵守法律法规，什么事情都没有办法做成；第二，不发生重大事故的底线，识别出企业可能发生的重大事件风险，排查各种潜在风险，找出安全与风险、常态与危机的分水岭，守住各种风险的底线，特别是一定要守住不发生重大事故的底线；第三，践行企业共享的价值观和做事方式的底线，企业共享的价值观是企业决策和行为的基础，只有守住这条底线才能确保企业可持续发展。各级管理人员要善于运用底线思维的方法，凡事做最坏的打算，努力争取最好的结果，这样才能有备无患、遇事不慌，牢牢把握主动权。提高底线思维能力，就是要始终保持清醒的头脑，增强忧患意识，居安思危，未雨绸缪，提高风险管理能力，提高危机应变能力，提高安全保障能力。

第三节　安全态度

弗里德曼（Freedman）认为态度是个体对某一特定事物、观念或他人稳固的，由感受、情感和意向三种成分组成的心理倾向。态度决定一切，态度模型如图 2-2 所示。态度由对外界事物的内在感受（道德和价值观）、情感（即"喜欢—厌恶""爱—恨"等）和意向（谋虑、企图等）三个表现要素构成。激发态度中的任何一个表现要素，都会引发另外两个要素的相应反应，这也就是感受、情感和意向这三个要素的协调一致性。一般来说，态度的各种成分之间是协调一致的，但在它们不协调时，情感成分往往占据主导地位，决定态度的基本取向与行为倾向。

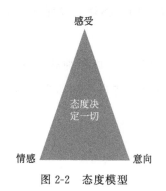

图 2-2　态度模型

态度是可以改变的，凯尔曼提出了态度形成的三阶段理论，即"依从—认同—内化"。在影响员工改变态度时，按照这三个阶段依次改变和提升。

依从：依从是个体为了获得奖励或逃避惩罚而采取的与他人表面上相一致的行为。依从不是个体自愿的，而是迫于外界的强制性压力采取的暂时性的行为。在态度形成的过程中，依从是很普遍的现象，在个体早期的生活中，态度的形成很大程度上依赖于依从。

认同：认同是个体自愿地让自己的态度和行为与心目中榜样的观念和

态度相一致。实际上,我们很多时候都是依照社会中其他角色的态度来指导我们自己的思想和行为。

内化:内化是个体真正从内心相信并接受他人的观点,将其纳入自己的态度体系,从而使其成为自己态度体系的有机组成部分。我们在改变员工的安全态度时,要分析原因,最终要使员工认同和内化安全,而不是表面依从领导的权威。

卓越安全强调对待工作的态度是注重细节、精益求精的工匠精神和找准用力方向、坚持到底的钉钉子精神。工匠精神就是精雕细刻、精益求精的品质精神,必须把事情做对的严谨态度。工匠精神的特点:注重细节,追求完美和极致;一丝不苟,必须确保每个部件的产品质量、每个环节的服务质量;专业专注,不断提升产品和服务的质量,将其打造成行业卓越的标杆。钉钉子精神:钉钉子时要找准用力点,一锤一锤不断地敲,才能把钉子钉实、钉牢。钉钉子精神就是在工作期间找准问题,采用有效的方法,抓痕留印,必须解决问题,必须完成任务,不解决问题、不完成任务决不罢休的务实态度。

如果企业的每位员工都践行工匠精神和钉钉子精神,也就是找准问题,必须解决问题,精益求精地对待自己的本职工作,那企业还会有隐患吗?企业还会发生事故吗?

第四节 安全方法

"法者,妙事之迹也。"方法就是为了实现某种目标而采取的手段和行为方式。庖丁解牛是家喻户晓的故事,该故事就是强调做事要重视方法。"庖丁"对牛体结构了如指掌,能"顺其理",按照牛体骨骼空隙去行刀,而"解牛"效率非常高,就是因为其掌握了"解牛"的方法,这也就是人们所说的"事必有法，然后可成"。

卓越安全特别介绍了三个安全工作方法。

（1）"抓两头、一抓到底"，就是抓"一把手"和班组长。许多企业开展安全工作时，在管理层层面非常热闹，好像做了大量的工作，但是在班组却没有什么变化。这就是没有抓住班组长，安全工作没有在班组落地，导致了"两张皮"问题的发生。当"一把手"的要求由班组长在班组落地时，企业才能成功，安全工作才能有效果。在卓越安全管理过程中，通过领导示范抓住"一把手"和各级管理人员，通过班组建设和班组长能力提升抓住班组长，实现上下一心，确保安全工作在一线班组得到落地。

（2）"软硬结合"，就是既要重视员工能力的培养（软），也要重视设备的管理（硬），确保"两手抓、两手都要硬"。90％以上的事故是由员工的违规违章造成的，所以必须提高员工的综合能力，并干预员工的违规违章行为，预防或减少由人员能力不足或违章违规造成的事故。良好的设备管理是追求本质安全的基础，许多企业为了控制成本，没有按照标准对设备进行维修保养，导致设备带病作业，结果造成重大事故。许多重大事故都是由设备、设施等资产失效造成的，通过设备完整性管理确保资产的可靠性和安全性是实现本质安全的基础，也是预防大事故的关键。管理人员在日常管理中一定要做到"软硬结合"，两手抓、两手都要硬，才能预防事故。

（3）"二八原则"，就是立即行动做能做的80％的事，同时解决20％需要协调资源的事，绝对不能因20％暂时不能做的事情，而不做能做的80％的事。在安全管理过程中，我们发现80％的事情主要与规则的遵守相关。例如，"一把手"不遵守自己签发的管理制度、班组长在现场一线没有带头遵守操作规程、没有按照公司的制度提高员工的能力、没有按照公司的制度操作和维修保养设备等。规则的生命力取决于所有人的敬畏程度，也取决于制定者的维护力度。规则就是铁律，绝不能于我有利就遵守、于我不利就变通。如果任由变通的风气大行其道，规则的约束力就不复存在，每一个人都会成为受害者。规则不是弹簧，绝不可松一阵紧一阵，不是"关系"可以疏通的，更不是"金钱"可以买通的。如果任由规则出现缝隙，长此以往，只会堤溃蚁孔、气泄针芒，规则便无公平可言。应当说，规则面前人人平等，任何人都没有违规的特权。

规则被破坏，是由员工和管理者共同造成的。其中，既有员工对公司尊重的缺失、对规则敬畏的丧失，也有管理者防线的退守、责任的松懈，甚至是对潜规则的默许。规则制定者带头破坏规则，这是我们建立规则所面临的最大的拦路虎！要让每位员工遵守规则，规则制定者必须先带头遵守规则，起到示范作用，才能实现规则面前人人平等。遵守企业的规章制度，是"一把手"和班组长能立即做的，属于80％的工作。当80％能做的工作开展起来了，其他20％的问题也会迎刃而解。

第五节　安全理念

理念就是人们归纳或总结的，已经得到实践验证，并得到大多数人认同的思想与法则。理念是企业的经营哲学，理念是行动的先导。卓越安全STAMP模型的九大理念如下。

（1）卓越安全文化保障企业可持续发展，核心是将文化建设虚事实做，固化大家共享的做事方式。

（2）领导示范是引领执行力的最好方式，核心是榜样的效用及具体体现领导示范的实践。

（3）安全价值观决定安全行为，核心是践行价值观。

（4）安全融入生产经营全过程，核心是每个人在日常工作中都为自己的工作质量和安全负责任。

（5）岗位胜任力是安全生产的基础，核心是激活员工，使其学以致用。

（6）安全源于风险管理，核心是风险分级管控，确认和维护屏障，守住底线。

（7）干预就是关爱，核心是人人对任何不安全行为或不安全状况说"不"。

（8）第一次就做对，核心是全员的工作标准是"零缺陷"，也就是在安全生产过程中不制造隐患。

（9）大道至简，易于执行，核心是化繁为简，使员工主动、自愿、方便、简单地执行。

第三章

卓越安全文化确保企业可持续发展

物质资源永远是有限的，只有文化、精神才是永恒的。文化是最持久的竞争力。

——《任正非管理日志》

痛点： 有些企业将企业文化做成口号，做成文体活动，做成纸上或墙上文化。因为仅将企业文化做成了纸上或墙上文化，所以没有为企业带来实际效果，也没有带来变化。许多企业在开展安全文化重塑时，没有将安全文化纳入企业文化重塑当中，结果不但没有重塑安全文化，而且给企业管理带来混乱，最后导致年年做安全文化重塑，年年没有修成正果。

第一节　企业文化

一、为什么要建立企业文化？

许多企业制定了正确的、雄心勃勃的发展战略，但最后却没有执行有野心的战略，没有实现战略目标，为什么呢？按照彼得·德鲁克的观点，是因为"文化把战略当早餐吃掉了（Culture eat strategy for breakfast）"。浙江大学商学院张钢教授说："管理技能都用上了，为何团队还是一盘散沙？因为企业缺乏文化。"国内外管理大师的观点一致，可见没有卓越的企业文化，再好的战略、管理技能都无法有效实施，也就无法实现企业的战略发展目标。

二、什么是企业文化？

沙因在《组织文化与领导力》一书中运用文化层次理论揭示了企业文化的内涵。第一，人为饰物：最顶层的是人为饰物，包括我们初入一个新群体，面对不熟悉的文化时，所看见、听见与感受到的一切。例如，建筑物、所使用的语言、技术与产品、服装的风格、可见的行为等。第二，外显价值观：外显价值观是指群体生成的信念与伦理规则，且是可被感知的意识层面，并具有清晰显现的言辞表达。一系列的价值观，需要体现于意识形态或组织哲学观上，用以作为行事方针，指导处理不确定性或困难问题。第三，基本假设：基本假设是已经被视为理所当然的东西。事实上，如果一个群体持有某种坚定的基本假设，则成员的行为就不可能再为其他东西所左右。基本假设是一只看不见的手，在实际操纵着行为，告诉群体成员如何去思考和感觉事情。

企业文化是企业全员共享的使命、愿景、价值观、信念、理念等在组织内相互影响，从而产生的行为准则或行为习惯，即大家在日常工作中践行的共享的做事方式。

三、企业文化如何起作用？

企业就像电脑一样由硬件和软件两部分组成。硬件是人、设备、战略等；软件是企业文化。电脑只有硬件而没有软件时无法实现任何价值，企业没有卓越的企业文化就犹如电脑没有软件，当然无法实现企业战略目标。

约翰·科特与詹姆斯·赫斯克特在《企业文化与经营业绩》一书中总结了企业文化的作用。第一，企业文化对企业长期经营业绩增长有着重大作用，重视各级管理人员文化领导力的公司，其经营业绩远远胜于那些没有这些企业文化特征的公司。第二，企业文化是决定企业兴衰的关键因素。负面作用的企业文化容易滋生蔓延，那些鼓励不良经营行为、阻碍企业进行合理的经营策略转变的企业文化容易在相当长的时间里缓慢地、不知不觉地产生，常常是在获得较好经营业绩的时候产生。这种企业文化一旦存在，就极难改变，因为这种文化不易为人察觉，同时还表现出对企业现状权力结构的维护。最为重要的原因在于这种企业文化会对企业采用必要的新型经营策略或经营战术的行动产生强烈抵触。

企业文化影响企业全员的决策，影响全员的行为，也就是影响全员的做事方式。企业文化是企业的核心竞争力，决定企业的成败，或决定企业能否可持续发展。负面的企业文化抵触企业新的战略目标的实施，使企业策划的改革工作无法落地。

四、企业文化能改变吗？

浙江大学张刚教授认为，要改变企业文化，首先管理人员要具有文化领导力；其次，管理者在决策中必须渗透和体现价值观，文化体现在思维和行为上，关键在于认同和行动。

拉姆·查兰在《执行》一书中说："一家公司的文化是由这家公司领导者的行为决定的，领导者所表现或容忍的行为将决定其他人的行为。所以，改变领导者的行为方式是改变整个企业行为方式的一个最有效的手段，而衡量一个企业文化变革的最有效尺度就是该企业领导者行为和企业业绩的变化。"

微软公司现任 CEO 萨提亚·纳德拉的《刷新：重新发现商业与未来》一书大篇幅地介绍微软如何重塑企业文化，而如何制定战略和如何开发产品的篇幅比重塑企业文化少多了。纳德拉上任 3 周年最好的献礼莫过于微软当时的财报：微软市值从 2000 年后首次重新回到了 5000 亿美元，重新回到全球第三大公司的位置。短短 3 年时间，微软实现如此之快的转型，与纳德拉大刀阔斧的改革不无相关，这一改革主要体现在微软企业文化的变革。微软企业文化重塑的最大特点是 CEO 亲自策划，通过大家一起修订愿景和使命，激活员工，改变思维方式，形成大家共享的做事方式，从而支持业务的腾飞。

企业文化完全可以转化为有利于企业经营、业绩增长的企业文化。企业文化的重塑错综复杂，需要时日，关键是需要领导主导企业文化的重塑。这些领导既要具有改革现状的魄力，又要具有超强的洞察力，必须清楚自己主导重塑的企业文化才可以保证新战略的实施，才可以促进企业经营业绩的增长。

五、为什么要重塑卓越安全文化？

在企业文化基础上强化安全文化是重塑企业安全文化的基础。如果企业已经建立了卓越的企业文化，那企业一定具备了卓越安全文化的基础，或者已经建立了卓越安全文化。企业全体员工在日常的业务或合规方面需要每天决策，也就是做出行为选择。当企业形成了卓越安全文化时，员工的决策受到文化影响，员工做出安全行为的选择，也就不会产生隐患；当企业形成了负面安全文化时，员工的决策也受到文化影响，员工做出不安全行为的选择，也就产生了隐患，如图 3-1 所示。因此，重塑卓越安全文化的目标是不产生隐患，即零隐患，或大幅度减少隐患。

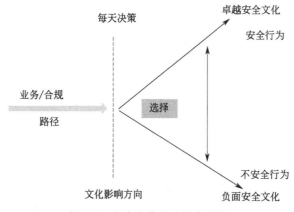

图 3-1　安全文化影响行为选择

第二节　卓越安全文化重塑模型

图 3-2 所示为卓越安全文化重塑模型。将安全文化重塑融入企业文化重塑，知、信、行是企业文化的基础，形成企业文化的做事方式；追求零事故是企业安全文化重塑的目标；使命、愿景、价值观，同时也包括理念、精神、作风等，形成企业文化的价值体系；通过可靠屏障管控风险是实现零事故目标的方法；领导力是重塑企业安全文化的关键，沟通使期望的安全价值观和安全行为在企业内广泛深入地传播，安全行为是事故预防的保障。形成共享的、期望的做事方式是安全文化的目的，使命让员工的工作有价值，愿景明确发展方向，价值观和理念等提供决策依据和方法，领导示范引领导向和行动，沟通让全员参与，信念产生行动的力量。各要素既保持相对独立又相互影响，缺一不可，没有信念，其他要素就是墙上文化的产物。

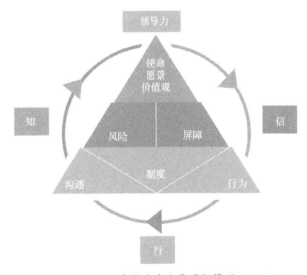

图 3-2　卓越安全文化重塑模型

使命：使命是指企业在社会经济发展中所应担当的角色和责任，是企业的根本性质和存在的理由。使命回答企业为什么而存在，即企业要解决什么样的问题，是企业承担的责任，是企业发展的内在驱动力。使命确定了企业的发展方向，并定义了企业的性质。它告诉企业的每个成员，他们在一起工作是为了什么，他们准备为这个世界做出怎样的贡献。每个企业都应有自己的使命，例如 GE（通用电气）的使命是让世界亮起来、迪士尼的使命是让人们快乐、阿里巴巴的使命是让天下没有难做的生意等。我们的安全使命就是让每个人每天安全回家。

愿景：愿景是企业对未来的设想和展望，是企业在整体发展上要达到的一种理想状态，即愿望中的景象，回答企业将成为什么样的问题，即"企业要去哪里"。愿景为企业提供了一个清晰的发展方向和未来蓝图，告诉企业的每个成员企业将要走向哪里，是企业为履行庄严使命必须树立的长期追求的目标。当前几乎每个企业都建立了零事故的安全愿景。在日常工作中我们应和企业的管理人员沟通，达成共识，追求零事故，同时设置阶段性安全目标，支持零事故愿景目标的实现。

价值观：回答的是"企业应该怎样做"的问题，是企业文化的核心，是企业及其员工共同认可和崇尚的价值评判标准，是企业及其员工在长期的生产实践中产生并共同遵守的思维模式和职业道德，回答企业为实现使命和愿景如何采取行动的问题。它为企业及其成员在工作的各个方面提供了行动准则，也为企业处理各种矛盾提供了判断和决策依据。在我们的卓越安全咨询服务过程中，如果企业的核心价值观已经包含了安全，我们的核心任务就是支持客户的践行；如果企业的核心价值观没有包含安全，我们就支持客户开发安全价值观。

理念：回答的是"企业遵循何种法则"，是指导企业经营管理活动的总体原则，是为履行使命、实现愿景而必须遵循的经营哲学。企业管理一定要有理念的指导，理念是实践过的、得到大家认同的、把复杂问题简单化的方法论和普遍真理，真理往往是最简单的。理念只有融会贯通，才能在实践中运用自如。卓越安全 STAMP 模型包括 9 大安全理念。

石油巨头雪佛龙的全体员工每天都在践行的 2 项核心理念：第一，要做就安全地做好，否则就不做；第二，我们总是有时间做正确的事。雪佛龙的核心理念反映的是一种信仰，若总是遵守核心理念，便可预防事故的发生。

风险：回答的是"企业在生产过程有哪些安全生产风险，如何管控风险，确保将风险管控到最低合理可行的状态"。具体见第五章"基于屏障的风险管理"。

屏障：回答的是"针对具体的危险源设置的管控措施，并在日常的工作过程维护屏障，使其处于可靠的工作状态"。具体见第五章"基于屏障的风险管理"。

领导力：回答的是"领导是否有决心和真心践行使命、愿景、价值观、理念和做事方式"，领导力的强弱决定企业文化重塑的成败。任正非认为领导最重要的能力是改变团队文化的能力。有效的执行是需要领导者亲力亲为的系统工程，而不是对企业具体运行的细枝末节的关心。在领导者的亲自倡导下，执行文化应该成为企业的基因，贯穿企业发展的方方面面。在企业卓越安全文化重塑过程中，各级管理人员应按照图 3-3 所示的透明领导力模型发挥自己的卓越领导力。

透明领导力模型：

卓越：志向远大　全力以赴　精益求精
战略：远见卓识　明确目标　选定路径
榜样：坚持原则　公平公正　企业为先
赋能：知人善任　资源支持　沟通反馈
风控：系统管控　构建屏障　维护屏障
文化：　知　　　信　　　行

图 3-3　透明领导力模型

企业文化是一把手工程，一把手的理念更重要。搞不好企业文化就干不好工作，就带不好队伍，也就成就不了持续的事业。在企业文化建设中，各级领导的榜样作用至关重要。企业文化的一些基本理念和规则是要求企业自上而下共同遵守和执行的，这里面不能有高下、不能有层次、不能有特权、不能有例外。要求普通员工做到的，领导干部必须首先做到。各个层级的领导干部不仅要做企业文化的传播者，而且要做企业文化理念的忠实践行者，只有这样，企业文化才会有感召力，推行起来才会有力度、见成效。

沟通：回答的是"企业采取什么样的方式让全员熟悉并践行使命、愿景、价值观、理念和做事方式"，也就是通过对话、例会体系、反馈、奖惩措施、礼仪与仪式、英雄人物故事等传递明确的信息，实现全员参与安全管理。管理中大部分的错误是由沟通不畅造成的，所以卓越的管理者应将80％以上的工作时间用于良性沟通。沟通要实现激励他人的目的，实际上沟通就是赋能的过程。

行为：回答的是"企业全员践行什么样的行为准则或行为习惯"。这里的行为是指企业全员共享的做事方式，做事方式来源于企业共享的价值观和理念。不管是企业文化重塑，还是企业安全文化重塑，衡量文化重塑成功的一个主要标志是企业全员在日常工作中践行共享的做事方式。做事方式就是行为准则，例如承担责任、诚信行为、维护屏障、风险管控、激励行为、交付行为、环保行为、关爱行为、计划行为、合规行为、干预行为、第一次就做对行为等。我们在日常的安全管理中所讲的不责备文化、风险管理文化、责任文化、尊重文化、合规文化、执行文化、关爱文化、干预文化、质量文化等，实际上是企业在这些方面形成了良好的做事方式，这种做事方式已经得到大家的认同和践行，大家已经心照不宣地做起来了，当然有人也将某一方面形成的良好做事方式当作企业文化的子文化。

许多企业通过行为准则（code of conduct）固化本企业的做事方式。行为准则是企业的一项基本政策，明确了所有员工在日常工作过程中和代表公司与第三方交往时必须遵守的基本原则和标准。行为准则来源于使命和价值观，并将管理理念与专业的行为标准联系起来，也就是在行动上体现价值观。在许多企业，行为准则成为绩效的基准。壳牌石油公司每年对所有员工进行行为准则的培训，要求全员必须遵守行为准则，而且该准则有明确的安全要求，对不遵守行为准则的员工立即提出警告或解雇。行为准则规定了全员的做事方式，是企业践行价值观、形成做事方式的主要工具。

卓越安全做事方式如表 3-1 所示。

表 3-1 激励性的卓越安全做事方式

启发	做事方式
屏障可靠	设备维保,4C确认,控制清单,ALARP[①]
领导示范	提供资源,明确责任,建立机制,信念行为
融入业务	项目管理,全面质量管理,全面风险管理,卓越运营
目标导向	目标明确,责任到岗,工作计划,跟踪考核
安全价值观	价值取舍,决策依据,庄严承诺,企业DNA
程序正义	培训宣贯,敬畏程序,首次做对,软件屏障
勇于干预	示范干预,鼓励干预,接受干预,全员干预
尊重员工	捍卫尊严,关爱员工,赞赏员工,培养员工
追求卓越	目标远大,精益求精,全力以赴,行业标杆
刨根问底	事件调查,源头管控,文化重塑,精准发力

① ALARP,As Low As Reasonably Practicable 的缩写,最低合理可行。有证据和机制将安全生产风险管控到最低且合理的状态。

要开展企业安全文化重塑,首先要策划企业安全文化重塑方案,也就是先确定企业安全方面的使命、愿景、理念、价值观、做事方式、沟通和领导力。确立使命和愿景始终是企业高层管理人员的职责,企业使命的确立既不可能也不应该授权给其他任何人。价值观转换成做事方式或行为是具体的、本质的、可以明确描述的,它不能留给大家太多的想象空间。大家必须敬畏价值观和做事方式,因为它们是实现使命的办法、达成最终目标的手段。在制定价值观时,企业的每一个成员都应当有机会发表自己的看法,充分利用全公司大会、培训课程、网络等其他类似的手段,尽可能多地让员工表达自己的见解。让员工们真正深入地参与进来将产生迥然不同的效果,这个过程本身就能让价值观获得全员更大的认同。在各种场合,管理人员必须不厌其烦地重申企业的使命和愿景,每个决策或项目都要同企业的使命和愿景挂钩。

在确定了企业文化重塑的基本要素后,关键是建立信念,即相信使命可以实现的信念，相信愿景可以实现的信念，认同理念和价值观的信念，践行企业期望的行为准则的信念等。柏拉图说："我们若凭信念而战斗，就有双重的武装。"判断是否建立了信念，就看领导的各种决策是否是为了实现使命和愿景，是否遵守价值观和理念，是否体现共享的做事方式，是否积极与全员沟通，是否体现领导示范作用。如果没有建立这种强烈的信念，那么企业文化重塑的要素只能停留在文件、会议、口头或墙上，最后建立的就是墙上文化。企业文化要素的清晰表述是万里长征第一步，只有在信念的驱动下在实践中得到坚决贯彻，那才有用。要想让价值观真正被大家重视，公司必须奖赏那些品行突出、实践了价值观和共享的做事方式的员工，而"处罚"那些与之相悖的人，也就是对每个人践行核心价值观进行考核。

正如列夫·托尔斯泰所说："一个有信念者所爆发出的力量，大于99个只有兴趣者。"

第三节　卓越安全文化重塑

一、客观的企业文化

企业文化或企业安全文化是客观的，每个企业都有自己的企业文化，企业文化建设的最佳描述应该是企业文化重塑，我们不是从头开始建设文化，而是根据文化的现状，发扬积极的部分即重塑，消除消极的部分即摒弃，最后得到重塑的文化。在企业文化重塑的策划阶段，一定要明确重塑的目标及摒弃的内容，如果只有重塑而没有明确的摒弃，不会取得文化重塑的成果。在阅读外文资料时发现文化重塑用得比较多的英文单词是"renew""transform""shape""change"等，而国内学者翻译资料中用的两个高频词是"construction"和"build"。国内企业文化重塑用得比较多的词是"文化建设"，但是这个词没有体现企业文化重塑的特点"改变"，难以让承担企业文化重塑责任的管理人员感受到自己的责任是改变，所以卓越安全文化重塑模型和本书都采用"重塑"这一说法，而不用"建设"（引用他人的讲话除外）。

鄂尔多斯集团在重塑企业文化时组织了多次文化重塑大讨论，由全员确定文化重塑的内涵和摒弃的内容，最后形成：

公司倡导和重塑的文化内容，即鄂尔多斯集团的做事方式：

- 承担责任、勇于担当；
- 开拓进取、锐意创新；
- 忠诚敬业、真抓实干；
- 以身作则、率先垂范；
- 廉洁自律、奉公守法；
- 深入一线、科学管理；
- 互相尊重、集智聚力；
- 坦诚沟通、团结协助；
- 市场为先、价值思维；
- 以人为本、安全第一。

公司反对和摒弃的负面文化内容，即鄂尔多斯集团反对的做事方式：

- 安于现状、故步自封；
- 不思进取、得过且过；
- 推诿扯皮、互相拆台；
- 任人唯亲、不辨是非；
- 墨守成规、求稳怕变；
- 牢骚抱怨、推卸责任；
- 独断专行、简单粗暴；
- 无所作为、嫉贤妒能；
- 拉帮结派、钩心斗角；

● 漠视安全、有令不行。

二、企业安全文化现状的共性

我们在按照卓越安全文化重塑模型支持客户重塑安全文化的过程中，对多个企业的安全文化现状做了全面测评，发现大部分企业的安全现状处于"计划"，也就是"两张皮"阶段。大部分企业建立了使命、愿景、价值观、理念，但是许多领导不知道企业为什么要有使命、愿景、价值观和理念，也就是这部分停留在墙上或纸上，根本没有发挥价值，没有起作用。企业文化培训课件中提到了使命、愿景、价值观和理念，但是没有深入地解释其作用和价值。

企业虽然建立了例会体系和沟通方式，但是沟通机制运行的质量不高，特别是有的企业将会议当作例行公事，没有达到宣传、导向及解决问题的目的。各级管理人员在日常工作中不重视非正式沟通，没有融入员工中。对同样一件企业明文规定的事情，不同的人做出不同的解释，甚至是相反的解释，部分直线管理人员的行为体现的是负面沟通。部分企业形成了明确的做事方式，也就是将价值观和理念等转换成了行为准则，但是没有机制确保在现实中的具体执行。部分企业没有形成明确的做事方式，企业文化重塑工作基本停止了。最突出的问题是许多企业的领导没有建立安全文化的信念，没有在日常的决策中严格按照安全文化要素做出业务决定。企业文化或企业安全文化重塑的信念缺失导致墙上文化的形成。

三、安全文化测评

开展卓越安全文化重塑，关键是做好企业安全文化现状测评，根据测评的结果制定卓越安全文化重塑方案。笔者对于卓越安全文化重塑测评主要是从 4 个方面进行评估，表 3-2 所列为安全文化测评权重。

表 3-2　安全文化测评权重

编号	评估内容	权重	备注
1	四大要素	15％	使命、愿景、价值观、理念
2	做事方式	60％	通用＋特有期望
3	沟通	15％	具体事情具体沟通
4	安全绩效	10％	损失工时事故率

借助卓越安全文化重塑测评工具，建立了通用的测评标准。由于不同企业的使命、愿景、价值观、理念、做事方式、沟通机制等不同，所以在对不同企业进行安全文化测评前，先制定有针对性的测评方案。没有明确做事方式的企业，建议参考通用测评标准。在测评前，与企业的管理人员探讨他们以前努力形成的做事方式，将这种做事方式纳入测评，并在卓越安全文化重塑过程努力实现。

安全文化测评结果定性地分为 5 个阶段：失控、被动、计划、主动、卓越。如图 3-4 所示。推荐的安全文化重塑目标是进入卓越阶段，企业应设置高目标，追求卓越。

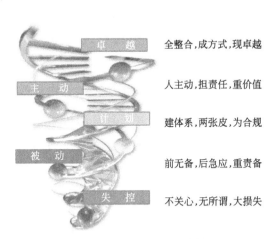

卓　越　　全整合,成方式,现卓越

主　动　　人主动,担责任,重价值

计　划　　建体系,两张皮,为合规

被　动　　前无备,后急应,重责备

失　控　　不关心,无所谓,大损失

图 3-4　安全文化发展阶梯

四、卓越安全文化重塑

笔者支持多家企业进行卓越安全文化重塑，我们按照以下方式开展文化重塑工作。

（1）安全文化现状评估。对于企业的安全文化现状进行评估，了解企业的安全文化处于哪一阶段。安全文化现状评估很重要，这个评估就是为了诊断具体存在的问题，只有将问题诊断清楚，才能整改问题，才能重塑企业的安全文化。

（2）制定卓越安全文化重塑解决方案。根据安全文化现状测评结果制定卓越安全文化重塑方案。企业一把手一定要参与方案的讨论和制定，并正式在企业安委会上批准和发布方案。卓越安全文化重塑解决方案必须明确企业期望形成的做事方式。比如期望形成人人重视质量的做事方式。就在质量方面进行制度完善、工具培训，提高质量管理的能力；比如期望形成人人重视设备管理的做事方式，就梳理完善设备管理的制度，明确设备管理的目标，开展设备管理培训等。

（3）卓越安全文化重塑项目。卓越安全文化重塑解决方案按照项目管理的方式推进落实，应成立卓越安全项目领导小组。项目组组长是企业的一把手，项目组成员是企业的副总，笔者团队和企业的安全专职人员提供专业支持。根据企业规模的不同及形成的做事方式不同，卓越安全项目领导小组下设不同的执行小组。例如，当时鄂尔多斯电冶集团（简称"电冶集团"）有20000多名员工，要形成8个方面的做事方式，就在卓越安全项目领导小组下设8个执行小组，每个执行小组只负责企业的一项工作，比如设备管理或者风险管理。又例如，当时在中石化江汉石油工程有限公司塔里木测试分公司进行卓越安全文化重塑时，领导小组下设3个执行小组，因为该公司只有几百人，领导小组决定先强化3个方面的做事方式。卓越安全领导小组每月召开月会，总结上个月的工作进展，安排下个月的工作计划，指导项目的整体进展。在卓越安全项目实施的过程中，将安全文化融入企业文化，利用企业已经建立的企业文化能起到事半功倍的效果。例如，电冶集团已经建立了卓越的企业执行文化，我们在现场见证了许多"令行禁止"的执行案例，所以我们实际上是将卓越安全文化重塑融入现有的企业文化，只是在企业文化的基础上增加了安全的具体要素，电冶集团的员工立即可以开展工作，因此取得立竿见影的效果。

（4）卓越安全执行小组。卓越安全执行小组是在领导小组内负责某一专项工作，从而形成该专项工作的做事方式。例如，风险管理执行小组就是系统地提升风险管理，使大家都用共享的做事方式管理风险。电冶集团的风险管理执行小组组织电冶集团 400 多人在电影院开展屏障思维培训，培训之后，风险管理执行小组指导每个事业部开展危险源识别和屏障确认活动。每个事业部先通过头脑风暴识别出本事业部的危险源，设定场景，并参考行业发生的事故进行风险评估，确定风险级别。4 个事业部分别将自己总结的高风险危险源汇报到风险管理执行小组，风险管理执行小组审阅并反馈改进建议，同时汇总出电冶集团的高风险危险源。风险管理执行小组对电冶集团的高风险危险源设定控制屏障和补救屏障，并对每个屏障进行维护，形成高风险危险源控制清单。将集团的高风险危险源控制清单发给各事业部，供大家参考学习和应用，然后每个事业部识别出管控自己高风险的所有屏障，并制订和实施屏障维护计划，形成危险源控制清单，如果有问题，风险管理执行小组及时辅导。每个事业部都全面地开展了危险源识别、风险评估、屏障确认和维护工作，并将这些工作落实到班组，也就形成了风险管理的做事方式。通过屏障思维的实践，电冶集团强化了风险管理，确认和维护了屏障，有效地预防了事故。

（5）企业文化培训。修订企业文化培训课件，重新定义和解释企业的愿景、使命、价值观和理念四大要素，并将这四大要素与全员的日常行为联系起来，通过企业自己的案例说明员工在日常工作过程如何践行这四大要素，也就是坚信四大要素，有企业文化的信念。如果在价值观中没有安全价值观，就需要开发安全价值观，将新开发的安全价值观融入企业的整体价值观。企业文化培训课件修订之后，安排全员采取各种形式参加企业文化的培训，确保全员统一践行安全价值观。

（6）现场辅导。笔者及其他同事深入生产现场，下煤矿、上炉台、进机房、到班组诊断问题，并立即和各级管理人员及员工探讨整改建议。将共性问题纳入执行小组的工作计划，通过完善制度、开展培训、现场示范等方式进行系统整改。现场辅导是特别有效的工作方法，能迅速激励员工，并使其立即明确解决问题的方法，能取得立竿见影的效果。同时现场辅导能发现实际问题，根据问题提出有针对性的建议，管理层可以采取有效的整改措施。

（7）建立机制。人力资源部将价值观践行和做事方式固化纳入企业的人事管理机制，使员工定期回顾并对其考核，引导全员形成卓越的安全文化。

五、卓越安全文化重塑需要多长时间

不同的企业所需的时间完全不同。相对来讲，大企业需要的时间长，小企业需要的时间短；企业文化好的企业需要的时间短，企业文化不好的企业需要的时间长；领导有决心改变的企业需要的时间短，领导没有决心改变的企业需要的时间长。

笔者为鄂尔多斯电冶集团提供卓越安全管理咨询时，企业在短时间内就发生了明显的变化，这在一定程度上归功于电冶集团的领导重视卓越安全文化重塑和电冶集团已经有 20 多年的卓越企业文化，当时的卓越安全文化是在卓越企业文化基础上嫁接的，当然容易取得成果。

微软 CEO 萨提亚·纳德拉上任后的首项工作是重塑微软企业文化，结果用 3 年时间彻底改变了微软文化，并使微软重新回到了世界第三大公司的位置。

笔者为某小型化工企业进行安全文化诊断辅导时提出了几十个问题，当时我们和厂长一起开展现场安全诊断，发现一个问题探讨一个问题，从而明确了问题及整改的措施，随后提交的报告问题明确、措施清晰。3 个月后该公司现场发生了巨大变化，成为工业园区正面学习的标杆。为什么会在 3 个月发生巨大变化？笔者专门去公司现场确认，和总经理当面沟通，探讨了改进的原因：第一，前期诊断辅导时提出的几十个问题触动了老板；第二，针对这些问题，诊断辅导报告明确了整改的方向；第三，虽然多年没有发生大的事故，但是习以为常的问题一直是潜在的事故隐患；第四，高新区管委会下发了停产整改通知，在各种会议期间，公司成了负面典型；

第五，为了可持续发展，管理层下定决心严格改正这几十个问题，系统地持续改进。3个月的时间，曾经的负面典型变成了行业内的正面标杆。可见，重塑企业文化或安全文化需要多长时间，很大程度上取决于企业的一把手！

第四节　安东石油公司卓越安全文化重塑案例分享

安东石油公司重视 QHSE❶ 工作，既保障了安东石油公司的安全生产，又将 QHSE 当作开发国际市场的敲门砖。安东石油公司的经历表明，只要有企业的 QHSE 部门高效的支持、董事长等高管的重视、各级管理人员和员工的积极参与，按照系统思维的方式在3年内就可以重塑一家企业的安全文化。

一、第三方管理咨询公司对安东石油公司 QHSE 工作的评价

安东石油公司秉承"先有 QHSE，后有安东"的 QHSE 价值观，按照全球化要求建立 QHSE 管理体系。QHSE 工作作为安东石油公司最重要的工作，由董事会 QHSE 委员会来指导。安东石油公司建立了独具特色的产品线作业流程管控和区域属地 QHSE 监督管控相结合的体系。安东石油公司的 QHSE 系统管控人员是安东石油公司规模最大的一支专业化团队。安东石油公司从高层到基层的员工都必须接受全面的 QHSE 培训，做出 QHSE 行动计划的承诺。安东石油公司每一名员工拥有一本 QHSE "护照"，深深地打上了安东石油公司的 QHSE 标签。安东石油公司采用国际化最高标准要求进行质量和行业认证，包括按照国际油气生产者协会标

---

❶ QHSE 指在质量（quality）、健康（health）、安全（safety）和环境（environment）方面指挥和控制组织的管理体系。

准建立 QHSE 管理体系。安东石油公司的 QHSE 管理体系得到了国际主要石油公司的认可。安东石油公司的 QHSE 品牌已经成为行业典范，成为国际市场的通行证。

二、 QHSE 为安东石油公司赢得市场

安东石油公司的 QHSE 管理能力及良好的品牌效应得到了国际石油公司的认可，2015 年和 2016 年连续获得超过 1 亿美金的订单。更完善的 QHSE 管理能力和一体化服务能力，帮助安东石油公司获得更大订单。

三、开展的 QHSE 工作

1. 实施保命规则

参考壳牌石油公司的保命规则和国际油气生产者协会的保命规则，并结合油田技术服务公司的风险，安东石油公司开发了 12 条保命规则，董事长签字发布保命规则，在集团统一实施。我们开发了图文并茂的保命规则培训课件，首先在集团半年会上对参会的管理人员进行培训宣贯，强制其执行。在半年会上进行培训时，有位高管提问：如果客户打电话，我们正在开车不接客户的电话，这样不就丢失市场了吗？我们的回答是：开车时禁止接打手机，方便时再给客户打回去，当客户知道我们开车不接打手机，客户会认为我们重视安全，应该很高兴，并愿意和我们公司持续合作。保命规则既简单易行，又能预防伤亡事故，得到了集团所有人的支持，当然执行起来也需要一个过程。"不要在非指定区域吸烟"这项保命规则在办公室执行起来难度很大，特别是个别领导习惯在自己的办公室吸烟。我们的原则是所有的政策一定要从高管开始执行，只要大家看到或听到高管遵守保命规则，大家也会跟着执行保命规则。当发现有高管不遵守保命规则时，大家肯定无法有效执行保命规则。安东石油公司 12 条保命规则如图 3-5 所示。

高处作业时防止人员物品跌落	乘车时使用安全带	开车时不超速,不使用手机	遵守行程管理计划	不要在作业中的起重设备下行走	在运转的车辆或设备周围,站在安全的位置

工作开始之前检查隔离情况和使用专用防护设备	在有要求情况下获得有效作业许可证	必要情况下进行气体测试	进入受限空间之前需获得批准	取消或关闭安全设备之前需获得批准	不要在非指定区域吸烟

图 3-5 安东石油公司 12 条保命规则

2. 发布价值观

价值观是改变行为的有力武器,要想在企业内让全员长期做一件重要的事,必须将这件事当作企业的核心价值观,要不然不可能做成。安东石油公司管理层召开安全价值观研讨会,确定安东石油公司的安全价值观是"先有 QHSE,后有安东"。我们利用横幅、网站、易拉宝、海报、邮件等方式在集团铺天盖地地宣贯"先有 QHSE,后有安东",很快提高了大家对安全的认识,确立了安全的地位,明确了安全是安东石油公司永恒的价值观。

3. 董事长研讨会

企业高层领导召开 QHSE 管理工作研讨,形成集团全面的 QHSE 管理方案。QHSE 研讨会既制定了集团的 QHSE 管理方案,又体现了企业领导对 QHSE 的重视,有效推动了集团 QHSE 的提升。

4. 整合 QHSE 管理体系

由 QHSE 管理中心体系部牵头，参考 OGP、壳牌石油公司、斯伦贝谢公司等机构和企业的 QHSE 管理体系，全面修订并形成了安东石油公司的 QHSE 管理体系。QHSE 管理中心的标准化部和各业务公司通力合作，一年内制定了 400 多个操作规程，为现场工作的标准化打下了坚实的基础。修订的 QHSE 管理体系发布后，我们拿着新体系特意去拜访国内外的企业，向企业介绍安东石油公司的新体系，安东石油公司新的 QHSE 体系得到了企业的高度认同，许多企业还借鉴了安东石油公司的 12 条保命规则和屏障思维，我们将 QHSE 当作开发国际市场的敲门砖。

5. 风险管理

我们完善风险管理程序，明确危险源定义和风险评估矩阵，开始系统地进行风险管理。大家先通过头脑风暴识别出集团的危险源，设定场景，并参考安东石油公司以前及行业发生的事故进行风险评估，确定风险级别，将集团的安全生产风险分为高、中、低三个级别。风险级别确定之后，先对高风险危险源设定控制屏障和补救屏障，并对每个屏障进行维护，形成高风险危险源控制清单。将集团的高风险危险源控制清单发给集团的每个单位，让大家参考学习，然后每个单位识别自己的危险源，进行风险评估，形成控制清单。每个专业公司和地区公司都全面地开展了危险源识别、风险评估、屏障确认和维护工作。通过屏障思维的实践，安东石油公司针对危险源开展具体的风险管理，特别是在现场确认和维护屏障，有效预防了事故。

6. QHSE 专职人员能力培养

通过以下方式提升 QHSE 专职人员的能力。

① 与人力资源部门沟通，设定明确的 QHSE 专职人员岗位，并明确岗位能力要求。

② 在公司范围进行人员调配，确保所有的 QHSE 岗位都由合适的人员

担任。

③ 对 QHSE 专职人员的能力进行评估,并按照培训要求提高 QHSE 人员的综合能力。

④ 建立 QHSE 专职人员微信交流群,及时分享卓越安全实践、事故教训和解决安全问题的方法。

⑤ 召开 QHSE 专职人员季度会议,在会议期间大家总结上季度存在的安全问题,开展专业培训,探讨安排下季度的重点安全工作。

⑥ 在 QHSE 专职人员季度会议期间,邀请企业主要负责人线上或线下参加会议,一方面鼓励 QHSE 专职人员做好本职工作,另一方面体现安全领导示范。

⑦ 邀请第三方开展影响力培训,提高 QHSE 专职人员影响其他人员重视安全和承担安全责任的能力。

⑧ 开展内训师培训,提高 QHSE 专职人员的培训能力。

⑨ 开展高风险评估,对每个高风险源设置明确的屏障,确保有精准的风险管控措施。

第四章

领导示范是引领执行力的最好方式

其身正，不令而行；其身不正，虽令不从。

——《论语》

痛点： 有些企业领导觉得安全管理的压力很大。许多企业花了大量的心血想改变现状，可就是短期内没有实现期望的效果，或者短期内取得的效果无法固化，时间一长又恢复原状。许多领导嘴上重视安全、会议上重视安全、纸上重视安全，可是在行动上无法体现对安全的重视。

第一节　为什么要践行领导示范？

领导示范就是领导者以身作则，树立生动的榜样形象，榜样的力量是无穷的。各级领导要求别人做到的自己要先带头做到，要求别人不做的自己要先带头不做，发挥表率作用，影响激励他人，从而提高团队的执行力。领导要从改变自身开始，树立榜样，做到言行一致，就能解决这个痛点。

一、榜样有示范效应

领导往往是他人的榜样，能影响和激励他人改变行为，改变思维。亚科卡就任美国克莱斯勒公司经理时，公司正处于一盘散沙的状态。他认为经营管理人员的全部职责就是动员员工来振兴公司。在公司最困难的日子里，亚科卡主动把自己的年薪由 100 万美元降到 1000 美元。亚科卡超乎寻常的牺牲精神使他在员工面前闪闪发光。榜样的力量是无穷的，很多员工因此感动得流泪，也都像亚科卡一样不计报酬，大家团结一致，自觉为公司勤奋工作。不到半年，克莱斯勒公司度过了最困难的时期。在公司最困难的时期，领导率先垂范带领全员改变了现状。

二、模仿

模仿就是人们自觉或不自觉地仿照他人的行为。心理学家研究发现，在群体活动中，个体大都有一种强烈的从感情上要将自己认同于另一个体，特别是认同于领导者品格的心理趋势，这种对品格的认同感会导致下属去模仿领导者的行为，也就是说模仿是榜样效应的基础。在社会生活中，从衣、食、住、行，到社会风俗、习惯、礼仪，个体在方方面面都普遍存在着模仿现象。亚里士多德早就指出，模仿是人的一种本能。近代心理学家麦独孤认为，人类有一种天然的冲动去照样做其他人的行为。模仿他人是为了获得他人认同，模仿是人们相互影响的一种重要方式。当个体感知到他人的行为时，会有重复这一行为的愿望，模仿便随之而来。幼儿的模仿是为了学习，也是为了得到父母或老师的认同。在人们成长的早期或者当人面对一个陌生的环境时，模仿他人往往是为了适应社会生活，是为了得到他人的认同，是为了生存发展。在职场，模仿领导是为了得到领导的认同，也是为了自己的卓越发展，同时这种模仿也使其做好了领导布置的工作。模仿会使群体成员在态度、情感和行为上的一致性提高，使成员更容易被接纳、被认同，增进群体凝聚力，这也就提高了团队的执行力。图 4-1 所示为领导示范模型。领导示范，员工模仿领导示范的行为，员工被领导和团队认同，最后就形成了上下一心的氛围。

图 4-1　领导示范模型

模仿具有以下特点：

（1）模仿是在没有外界控制的情况下发生的模仿者主动地有意识或无意识地仿照他人的行为。如子女模仿父母行为、学生模仿老师行为、员工模仿领导行为等都是自觉或不自觉地模仿。

（2）模仿分为无意识模仿和有意识模仿两种类型。无意识模仿，也称自发模仿，指不考虑行为的原因和意义，盲目地、自发地在不知不觉中仿照别人的行为。有意识模仿，又称自觉模仿，指个体自觉地仿照他人的行为，其特点是有选择、有目的、有动机、有计划、有步骤地进行模仿。为了适应环境、为了得到某种好处、为了满足一定需要等而进行的模仿属于有意模仿。如模仿先进人物的行为，模仿领导的性格、气质、工作方法等，是为了获得成就、进步，满足自尊感等。

（3）模仿一般只能模仿外显行为，很难触及内心世界。模仿者认识到被模仿行为的意义和价值，就是"认同"。

（4）镜像神经元是模仿的物质基础。科学家研究发现，人类拥有被称为"镜像神经元"的神经细胞，它的功能正是反映他人的行为，使人们学会从简单模仿到更复杂的模仿，由此逐渐发展了语言、音乐、艺术等。镜像神经元组储存了特定行为模式的编码，这种特性不但让我们可以想都不用想就能执行基本的动作，同时也让我们在看到别人进行某种动作时自身也能做出相同的动作。镜像神经元是模仿他人动作的物质基础，镜像机制是人与人之间进行多层面交流与联系的桥梁。与大脑中储存记忆的神经回路相似，镜像神经元似乎也为特定的行为"编写模板"。因为镜像神经元的这种特性，人可以不假思索地做出基本动作，在看到这些动作时也能迅速理解，而不需要复杂的推理过程。

镜像神经元是人们模仿他人的物质基础。为了生存、为了学习、为了被认同，人们都有模仿他人或模仿榜样的本能。当领导树立了榜样，员工就会主动地去模仿领导。关键是领导要树立一致的能被员工长期模仿的榜样。

三、树立榜样

针对公众的模仿心理有针对性地树立的能被模仿的对象就是榜样，榜样的力量是无穷的。那么什么样的榜样最能引起公众的模仿呢？

（1）权威榜样：人都有依从、崇拜权威的心理，权威一般是指在某一方面具有特殊才能或权力、地位的人。权威一般可分为领导权威、技术权威、明星权威等。领导权威通过其地位、权力以及特有的气质、风度影响公众；技术权威通过其丰富的工作经验、熟练的技能来影响公众；明星权威通过其服饰、发型以及良好的形象影响公众。这些权威榜样的一言一行，常常成为人们模仿的对象。领导就是企业的权威榜样。

（2）相似性榜样：人都倾向于模仿在某些方面与自己有相似之处的榜样。因为相似性使人觉得模仿具有现实可行性，这样也就乐意去模仿。如果榜样太高大，相距太遥远，相差太悬殊，就使人觉得无从模仿。如在企业内部，就应在与员工工作、生活紧密联系的群体中树立榜样，这样既可以消除员工的畏惧感，促进员工之间的心理相容，同时又可以激发员工赶超榜样的积极性，从而提高群体或企业的工作效率。领导示范的行为与员工的行为有相似性，员工也就愿意模仿。

（3）支配力榜样：社会心理学家的实验与无数生活实例表明，有支配力的人往往会成为公众模仿的榜样。支配有两种类型，即权威支配和情感支配。在权威支配之外，公众往往会对具有情感支配力的人产生好感，这是由于具有情感支配力的榜样更容易得到公众的情感认同。领导在企业内掌握着资源，影响着员工的综合发展和绩效，领导具有支配力，也就是领导的示范能影响员工。

（4）成果榜样：人们常常依据榜样的行为是得到奖励还是惩罚来决定自己是否应该模仿。这也就是为什么企业内部定期表彰先进，其实就是树立成果榜样，使其成为全员模仿的对象。领导定期表彰先进，树立榜样，让全员模仿，从而改变员工的行为。

第二节　践行领导示范

当领导了解了模仿、镜像神经元和榜样的种类之后，领导就需要行动起来，在日常行为上进行示范。各级领导应熟悉镜像神经元、模仿和榜样之间的关系，用成熟的、广泛应用的心理学理论指导自己的领导示范行为，特别要从思想上重视，发自内心地进行示范。以身作则的示范是生动的榜样，榜样的力量是无穷的。各级领导者应当好表率，层层示范、层层带动，要求别人做到的自己首先做到，要求别人不做的自己坚决不做，用行动的力量发挥表率作用，真正成为公司制度的示范者、推动者、实践者。示范是为了让全员模仿，当全员模仿领导的示范时，就能实现全员参与的目标。领导主要从以下方面进行示范。

一、领导示范身正

孔子曰："其身正，不令而行；其身不正，虽令不从。""正"就是树立榜样，在行动上体现出来，这种行动榜样要保持六个一致：第一，写行一致，即保持公司所写的书面安全制度与具体安全行为一致；第二，言行一致，即保持嘴上讲的安全与具体行为安全一致；第三，时间一致，即保持昨天的安全行为与今天的安全行为及明天的安全行为一致；第四，空间一致，即保持在不同的地点体现的安全行为一致；第五，人人一致，即在任何人面前体现的安全行为一致；第六，事事一致，即做任何事体现的安全行为一致。《论语》中："政者，正也，子帅以正，孰敢不正？"领导者发挥表率作用，就能够培养一种好作风，带出一支好队伍，树立一种好形象。由此可见，领导者的行为示范对下属的激励作用巨大，领导的表率可以有效激励员工。

二、领导示范自律

著名管理学家杰克迪希·帕瑞克说："除非你能管理自我，否则你不能管理任何人或任何事。"要成为一个好的管理者，首先要管好自己，为员工们树立一个良好的榜样。言教再多也不如身教有效，行为比语言更重要，领导的力量主要是由行为动作体现出来。领导者通过个人表率可以使员工自觉、自愿、心悦诚服地模仿其行为。榜样的力量是惊人的，管理者要想管好下属必须以身作则，事事为先、严格要求自己，做到"己所不欲，勿施于人"。一旦通过表率树立起在员工中的威望，将会上下同心，大大提高团队的整体战斗力。领导带头、层层示范，是做好各项工作的重要方法。领导的一言一行，对下级管理人员和员工有着强烈的示范和导向作用。领导者不可能时时刻刻地盯着下属，关键是加强员工的自我管理，但前提是领导者首先做好自我管理，成为下属的榜样，变"照我说的那样去做"为"照我做的那样去做"。作为领导者如果不能自律，就无法以德服人，如果无法取得他人的信赖和认可，将无法领导好下属。好的领导者必须懂得，要求员工做到的事，自己必须首先做到。

三、领导示范遵守制度

任何制度，只有领导带头才能得到更加有力的执行，才能收到长期效果。率先垂范，本身就是一种无言的要求、无声的号召，能潜移默化地感染和带动广大员工见贤思齐。领导者率先示范，以身作则地遵守自己制定的公司安全制度，那么这种热情和精神就会影响其下属，让大家都形成一种积极向上的态度，形成热情的工作氛围。领导者的榜样作用具有强大的感染力和影响力，是一种无声的命令。领导者只要自己带头遵守相应的安全规章制度，用激情和行动感染员工，员工就会积极主动地遵守公司的安全管理制度。

四、领导示范践行价值观

各级领导示范践行企业共享的价值观，可以使大家对公司的价值观做到内化于心、外化于行，就能使企业可持续发展。每个企业都建立了共享的价值观，但是许多企业的价值观仅停留在书面上或张贴在墙上，员工的行为上并没有体现价值观。例如，诚信是甲、乙两家企业的核心价值观，但是两家企业的践行结果却完全不一样。甲企业将诚信细化成具体行为，要求全员在日常的工作当中体现这些行为，甲企业是在真正地践行诚信的价值观。乙企业虽然在各种场合宣传了诚信的核心价值观，员工也知道诚信是核心价值观，但是员工在具体决策的时候没有体现诚信，也就是没有践行诚信的核心价值观，实际上乙企业相当于没有诚信的核心价值观。当然甲、乙两个企业最后发展的结果也不一样，所以领导一定要具备明确的价值取舍标准，而且必须通过有效的途径将这种价值取舍标准公之于众，在面临两难处境的时候，特别是在面对最困难的决策时，按照公司共享的核心价值观做出选择。

五、领导示范学以致用

理论的价值在于指导实践，学习的目的在于改变现状。各级领导者参加各种安全学习和培训的目的是将学到的安全理论和知识运用于实践，在于解决实际问题，在学以致用上取得实效，所以当各级领导者成为学以致用、用有所成的表率时，员工就效仿领导者努力将学习的新安全知识用于解决具体问题，用于改变工作方法，用于提高工作效率，用于预防事故。

六、领导示范拉下情面

我们中国人称之拉下情面，国外称之情感强度。其实就是共同强调：作为领导要能拉下情面，能就事论事，能及时处理特别不称职的员工，只有拉下情面，以奋斗者为本，才能形成卓越的执行文化，才能做好我们想做的事。部分领导情感强度弱，拉不下情面，不能及时纠偏或处理特别不称职的员工，结果形成无所谓的氛围，做好和做不好都是一个样，大家为什么要努力做好工作呢？

杰克·韦尔奇在GE（通用电气）发明了"活力曲线"，把经理们分成三组：前20%的A组"充满激情，致力于让事情发生"；70%的B组对公司至关重要，并鼓励他们加入A组；最后是底部10%的C组，"表现不佳的人通常都得走人"。在他担任首席执行官的头5年里，GE员工人数从41.1万人降至29.9万人。因为这样的裁员，他被称为"中子弹杰克"。有人说杰克·韦尔奇冷酷无情，其实这正是他具有很强的情感强度的体现，及时奖励有作为的员工，及时淘汰末尾不作为的员工，结果建立了企业卓越的执行文化。任正非说："拉不下情面进行管理的干部不是好干部。哪个部门找不出哪个干部好、哪个干部差，我们希望主管辞职，因为他没有管理能力。干部只要在管理岗位上，就一定要拉开情面，要站在公司的原则上，按公司的利益把价值评价体系贯彻到底。各级干部一定要把自己部门内部效率低、不出贡献的人淘汰出去。通过主动置换，去创建一个更有效的组织。"领导带头示范拉下情面，及时反馈和处理不称职的员工，是创造正向执行氛围的关键，也是提高安全执行力的关键。

七、领导示范保证工作质量

企业中的每件事都涉及质量，质量是企业的生命。领导要重视质量，张瑞敏当年亲手砸掉不符合质量标准的76台冰箱，带头研究冰箱的质量问题，最后带领海尔集团获得了我国冰箱行业的第一块国家质量金奖。其实事故都是由各种"不符合质量标准"造成的，例如设备维修保养不符合质量标准、员工能力培养不符合质量标准、操作规程不符合质量标准、操作规程的遵守不符合质量标准、风险管理不符合质量标准等。当各级领导精益求精，一丝不苟地体现工匠精神做好自己的工作时，员工也会向领导学习，也会体现工匠精神做好自己的本职工作。

八、领导示范沟通

沟通是公司的生命线，没有沟通就没有管理，沟通通过不同的渠道实现。沟通渠道指领导与员工之间意见交流的途径，企业组织的沟通渠道是信息得以传送的载体，可分为正式沟通渠道和非正式沟通渠道。

（1）正式沟通渠道。正式沟通渠道是指在组织系统内依据一定的组织原则所进行的信息传递与交流，例如传达文件、召开会议、上下级之间的定期的情报交换等。另外，团体所组织的参观访问、技术交流、市场调研等也属于正式沟通。正式沟通的优点是：沟通效果好，比较严肃，约束力强，易于保密，可以使信息沟通保持权威性。重要信息的传达一般都采取这种方式。其缺点是：由于依靠组织系统层层传递，所以较刻板，沟通速度慢。

（2）非正式沟通（渠道）。非正式沟通指的是正式沟通渠道以外的信息交流，它不受组织监督。例如，团体成员私下交换看法、朋友聚会、传播谣言和小道消息等都属于非正式沟通。非正式沟通是正式沟通的有机补充，在许多组织中，决策时利用的情报大部分是通过非正式信息系统传递的。同正式沟通相比，非正式沟通往往能更灵活、迅速地适应事态的变化，省略许多烦琐的程序；并且常常能提供大量的通过正式沟通渠道难以获得的信息，真实地反映员工的思想、态度和动机。因此，这种动机往往能够对管理决策起重要作用。非正式沟通的优点是：沟通形式不拘，直接明了，速度很快，容易及时了解到正式沟通难以提供的"内幕新闻"。其缺点表现在：非正式沟通难以控制，传递的信息不准确，易于失真、曲解，而且它可能导致小集团、小圈子，影响人心稳定和团体的凝聚力。

现代管理理论提出了一个新概念，即"高度的非正式沟通"。它指的是利用各种场合，通过各种方式，排除各种干扰，领导者保持与员工之间经常不断的信息交流，从而在一个团体、一个企业中形成一个巨大的、不拘形式的、开放的信息沟通系统。实践证明，高度的非正式沟通可以节省很多时间，避免正式场合的拘束感和谨慎感，使许多长年累月难以解决的问题在轻松的气氛下得到解决，减少了团体内人际关系的摩擦。例如，高层领导在企业现场检查工作时，与一线员工面对面沟通，了解员工关心的问题及员工的期望，帮助员工解决问题，根据员工的反馈改进管理手段，这样既提高管理效率，又激励员工更积极地开展工作。

九、领导示范干预

干预就是每个人看到任何人的不安全行为或不安全状况时，立即提醒或纠正当事人。干预是最有效、最经济、最直接的预防事故的手段，当人人干预时就实现了全员参与安全管理。领导示范干预，就能带动企业全员人人干预，也就能很快地、有效地做好安全管理工作。在我们中国的大环境和传统文化影响下，领导能随时干预员工，而员工基本上不敢干预领导，所以一直没有形成有效的干预氛围，也就是没有实现真正的全员参与安全管理。为什么员工不敢干预领导？首先是领导没有意识到干预的价值，没有气量接受员工的干预。其次，员工认为干预是对领导的不尊重。领导应认识到干预的重要性，带头干预所有不安全行为，接受和奖励员工对自己的干预，建立干预氛围。

十、领导示范保障资源

开展任何工作都需要有资源作保障，领导需要根据所开展工作的实际情况提供必需的资源，只有资源保障了，员工才能安全高效地完成计划的工作。我们分析过资源无保障公司的情况，往往其领导没有权衡长期可持续发展和当前利益的关系，许多领导为了短期利益牺牲长期利益，结果没有科学地做好规划，没有资源保障，最后酿成了大事故，功亏一篑。领导需要将安全管理纳入企业的战略规划，做好风险管理，确保提供资源保障，将影响企业生存的风险管控到企业能承受的状态，确保企业可持续发展。

十一、领导示范承担责任

安全工作是全体员工的责任，需要落实直线管理责任和属地管理责任。主要领导是安全第一责任人，先要承担安全管理的首要责任，示范直线和属地责任，将安全融入日常的具体工作，实现全员承担安全责任。领导切忌将安全与日常的工作分开，应让本该承担直线和属地责任的领导承担安全管理责任，而不能让本无法承担安全管理责任的安全专职人员承担责任，明确责任本身就提高了执行力，领导示范安全责任就能使全体员工承担安全责任，实现安全生产。

十二、领导示范抓屏障维护

屏障是最直接的预防事故的手段，只有确保屏障到位，并确保屏障在良好的工作状态，才能预防事故，事故往往是屏障缺失或屏障失效造成的。领导示范抓屏障确认和屏障维护，也就抓住了预防事故的"牛鼻子"，引导企业在屏障维护上精准发力，引导全员维护屏障，这样安全生产工作就能事半功倍。

第三节　领导示范案例分享

一、安东石油公司董事长领导示范

笔者在安东石油公司担任了 3 年 QHSE 管理中心总经理、高级副总裁，董事长等领导特别重视安全，并身体力行做到领导示范，改变了集团的安全现状。董事长建议在董事会设立 QHSE 委员会，每次开董事会的时候都同时召开 QHSE 委员会会议，董事长和所有的内外董事及列席董事会的高管探讨 QHSE 工作。董事长亲自参与开发集团的 QHSE 价值观，董事长亲自与 QHSE 管理中心研讨集团 QHSE 方案，董事长带头戴胸牌，董事长干预在办公室吸烟的同事，董事长参与策划标杆队伍建设等。每次召开集团 QHSE 系统管控会议时，董事长都会在现场或线上讲话，鼓励大家做好 QHSE 工作。

董事长亲自参与开展 QHSE 管理工作研讨，形成集团全面的 QHSE 管理方案。QHSE 管理中心与董事长的 QHSE 研讨会持续了好几周，前后修改了 10 次，第 11 次定稿，最终形成了安东石油公司的 QHSE 管理方案。

这次与董事长的 QHSE 研讨，意义深远。第一，加深了笔者（当时担任 QHSE 管理中心总经理）和董事长的交流，我们彼此相互了解，建立了信任，特别有利于随后开展工作。在后来的工作中，董事长几乎不再过问我们的工作思路，我们提交的 QHSE 工作计划都能很快得到管理层批准。第二，形成了 QHSE 管理方案，此方案使我们有了开展工作的方向和计划。第三，董事长把开展 QHSE 工作研讨的经历与随后加入集团的高管分享，让这些新加入的高管向我们 QHSE 人员了解如何与董事长探讨形成工作方案，这无形中增加了 QHSE 系统管控的影响力和威望。第四，这次 QHSE 研讨也是董事长重视 QHSE 和参与 QHSE 工作的体现，我们经常向其他管理人员分享与董事长的这次研讨，也就影响了其他管理人员，使其更加重视 QHSE 工作。

二、美国铝业公司 CEO 领导示范

1987 年奥尼尔担任美国铝业公司（美铝）CEO，在首次记者招待会上只讲安全，不讲战略，使许多与会人员目瞪口呆，甚至有股票经纪人直接给客户打电话，建议客户立即卖掉美铝的股票，但几年后该股票经纪人认为这是自己一生中最差的一次决策。为什么呢？

1987 年的美铝处在风雨飘摇的阶段，多次的管理决策失误导致顾客流失和利润锐减，而且事故频发。当时的美铝每周至少发生一起工伤事故，每年因为安全事故导致多日停产整改。股东和员工希望奥尼尔调整战略，

燃起新官上任的三把火，改变现状。

CEO 奥尼尔列了一个很长的清单，他也想着从质量、效率、战略、文化等方面作为突破口改变美铝。奥尼尔认为这个突破口必须是工会、高级管理人员和所有员工都认同的，都愿意参与的，能使大家聚焦，能使大家都团结在一起，且能改变全员工作和沟通的事项。经过研究和确认，奥尼尔决定以安全为突破口，也就是要"改变所有人的安全习惯"，于是"安全"从奥尼尔的清单脱颖而出，同时奥尼尔设立了一个高标准的目标：零工伤。

确定了突破口后，奥尼尔在自己的 CEO 首次新闻发布会上宣布安全就是当前全公司不惜任何代价要实现的目标，在会议现场介绍安全通道，并约法三章：第一，任何人员受伤的事故必须在 24 小时内向 CEO 汇报；第二，汇报的时候要分析事故发生的原因，并附带如何预防此类事故再次发生的预防措施；第三，安全绩效卓越的管理人员和员工将得到晋升。首次 CEO 新闻发布会上宣布的内容令当时的董事会、股东、公司管理人员和资本市场大跌眼镜。公司当时已经出现了业绩下滑的状况，不第一时间去提高公司利润，却花钱做安全，这让董事会和资本市场很不看好奥尼尔，也就出现了记者招待会上许多人提前离场、股票经纪人建议投资者抛售股票的尴尬局面。

奥尼尔宣布新政策 1 个月后，一天半夜接到事故汇报电话，亚利桑那州分厂的一个经理向他汇报，一名工人跨过安全护栏，去修理一台故障设备时，发生严重事故，不治身亡。9 小时后，奥尼尔召集该厂所有管理人员开会，反复回看事故发生时的监控录像，寻找事故发生的原因和管理上的漏洞。"我们是杀害这名工人的凶手！我领导无方，当罚，各位也要负管理责任。"奥尼尔内疚地说道。

但是与会的大部分高管却不以为然，他们觉得这样的事故虽然很惨痛，但却是不可避免的，因为美铝的工人每天都需要跟 1500 摄氏度的金属以及能将人拦腰砍断的危险机器打交道。甚至有人认为奥尼尔为那些素未谋面的员工担心完全没有太大必要，建议奥尼尔把精力更多地放在提升公司利润上。奥尼尔没有认同，坚定地履行 CEO 职责，毫不留情地挑战这些高管的错误观点。此次事故发生后，奥尼尔要求工厂里所有安全防护栏都得重新涂上明黄色的油漆，任何员工不能随意跨越安全防护栏，并且告诉生产经理如果机器需要维修，一定要快速沟通、及时决策，停产维修设备。

奥尼尔担任 CEO 几年后，有人向奥尼尔举报说墨西哥分厂发生一起人员受伤事故，但是该厂没有按照规定汇报。奥尼尔立即安排了一个团队专门去墨西哥分厂进行调查确认。调查小组得出的结论：墨西哥分厂确实发生过一起人员受伤事故，这起事故应该在 24 小时内向 CEO 汇报，但是相关人员却隐瞒了该事故，没有汇报。奥尼尔和管理层协商做出决断，开除了大家公认的公司最有价值的、最有能力的管理者罗伯特·巴顿，这个开除决定让外部人员很震惊，但是在公司内部却没人感到意外，因为重视安全已经成为美铝公司的核心价值观，成为美铝公司的企业文化。

奥尼尔以安全为切入点，担任 CEO 的第一年美铝事故率大幅降低，并且公司取得了非常高的利润，这完全在大家的意料之外。CEO 奥尼尔带领美铝取得了空前的成功，2000 年他离开美铝时，公司的事故率是美国平均事故率的 1/20，每年净收益是他上任前的 5 倍，股票市值达到创纪录的 270 亿美元。奥尼尔也靠他卓越的才华和洞察力及在美铝的卓越绩效，在离开美铝后，加入布什政府担任财长。

奥尼尔在美铝的成功案例说明：做安全工作不是浪费钱财；做好安全能调动全员参与日常的生产管理；要做好安全就得改变工作方式，工作方式变好了也就能提高效率，提升利润；安全是企业综合管理的结果。当然想要通过安全改变现状，提升公司的管理绩效，关键在于高级管理人员要有提高安全管理绩效的决心和魄力。

第五章

基于屏障的风险管理

居安思危，思则有备，有备无患。

——《左传》

痛点： 有些企业对于风险管理是"只评不管"，大家都看到了"灰犀牛"，但是没有执行有效的措施阻止或管控"灰犀牛"，也就是制服"灰犀牛"的屏障缺失或失效，最后只能接受"灰犀牛"的破坏。

第一节　风险管理

一、风险

"风险"一词由来已久，对于以打鱼捕捞为生的渔民们，一旦海上出现大风、兴起大浪，就有可能造成船毁人亡，捕捞活动使他们深刻认识到"风会给他们带来的无法预测、无法确定的灾难性危险，有"风"就意味着有危险，这就是"风险"由来的一种说法。2009 年 11 月 15 日，国际标准化组织（ISO）召开会议，有 130 多个国家代表参加，对经过 4 年多讨论、

4易其稿的"风险"概念进行投票表决，正式发布了《风险管理——原则与实施指南》（ISO 31000：2009）等3个标准，明确指出"风险"是"不确定性对目标的影响"，是对风险主体目标的影响。该定义是人类对"风险"这一古老概念的最新认识和理解的总结与概括。《灰犀牛》的作者米歇尔认为：风险是负面后果发生的可能性。我们在日常的安全管理过程认为风险（R）是某一种特定场景发生某事的可能性（L）和后果的严重性（S）的乘积（$R=L \cdot S$），而因为可能性和后果不确定，所以风险的基本性质为不确定性。

成功人士都是风险管理大师！成功的人往往提前做好了风险研判，确定了应对策略，明确了管控措施，准备了足够的资源，及时实施了管控措施，所以取得了卓越效果。

二、风险的特征

（1）风险无处不在。一个人早晨开车去上班、中午出去吃午饭、晚上回到家，在这期间面临的可能风险有：发生车祸，感染传染病，工作失误，和同事产生矛盾，触电，被高空悬物砸伤，滑倒，摔倒，绊倒，食物中毒，恐怖分子袭击，火灾受伤，天气影响等。

（2）风险是动态的。风险随着人员态度、人员能力、环境、管理方式、设备、技术等的变化随时变化。例如，2020年全国人民应对的新型冠状病毒肺炎危机，随着春节的人员流动，危险源在全国流动，风险也向全国扩散；当国内有效管控，新增确诊病例进入0模式时，境外输入病例增加，也就是境外输入风险增加。

（3）风险的不确定性。风险发生的时间不确定，是否发生不确定，损失程度不确定。

（4）风险是可预测的。虽然风险具有不确定性，但是人类可以根据各种现象，根据经验、利用各种工具进行预测，从而将风险带来的后果管控到可接受的程度。

三、风险承受度

风险承受度是指组织或个人根据自身能力和水平能够承担的风险限度。企业或个人应根据业务特点确定自己的风险承受度，即企业或个人愿意承担哪些风险，明确风险不能超过的最高限度，并据此确定风险的预警线及相应采取的对策。确定风险偏好和风险承受度，要正确认识和把握风险与收益的平衡，防止和纠正忽视风险，片面追求收益而不讲条件、范围，认为风险越大、收益越高的观念和做法；同时，也要防止单纯为规避风险而放弃发展机遇。风险不可能降低到 0，也不存在 0 风险的事情。风险应降低到个人或组织的承受度之内，也就是最低合理可行（ALARP）。

四、全面风险管理

所谓全面风险管理是指企业围绕总体经营目标，通过在企业管理的各个环节和经营过程中执行风险管理的基本流程，培育良好的风险管理文化，建立健全全面风险管理体系，包括风险管理策略、风险管理措施、风险管理组织职能体系、风险管理信息系统和内部控制系统，从而为实现风险管理的总体目标提供合理保证的过程和方法。全面风险管理应用最为普遍的是银行业，整体风险管理产品出现最多的是保险业，其次是证券业、银行和政府部门宏观经济管理活动中。现在全面风险管理是企业最基本的管理方式。全面是指在企业战略、规划、产品研发、投融资、市场运营、财务、内部审计、法律事务、人力资源、设计、采购、加工制造、销售、物流、质量、安全生产、环境保护等各项业务管理环节和过程进行风险管理。

我们要实现安全生产、预防事故的目标，必须开展全面风险管理，管控安全生产环节的所有风险，例如设计、采购、产品、人员能力不足、资金不足、设备维护不到位、不遵守操作规程、缺乏卓越企业文化、缺乏领导示范等风险。为了实施全面风险管理，首先要用相应的风险评估工具识别出这些风险，然后落实具体的措施管控风险。风险管理的关键是落实管控措施，如果没有管控措施，就会发生"只评不管"的窘状。当前国内外特别重视的方法就是建立和维护屏障，确保有可靠的屏障（管控措施）管控风险。

第二节　屏障思维

通过梳理当前国内外风险管理的方法和实践，并结合企业的风险管理经验，以能量意外释放理论为理论支撑，在借鉴其他风险管理工具的基础上改善并形成风险管理之屏障思维。屏障思维是设置屏障、系统管控风险的一种思维方式，是风险管理的通用工具和方法。

屏障思维模型如图 5-1 所示。

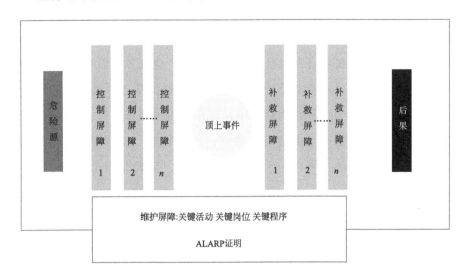

图 5-1　屏障思维模型

屏障思维步骤如下：识别危险源→确认顶上事件→分析后果→风险评估→建立屏障→屏障维护→ALARP证明→隐患排查治理。

一、识别危险源

屏障思维的起点是危险源，首先进行危险源识别。根据屏障思维模型，安全工作的核心就是控制危险源，只有准确、全面地识别出危险源，才能更好地采取措施管控危险源，确保将危险源控制在期望的状态。企业的生产活动确定后，危险源就已经固有存在，且可以识别出来。不同行业的危险源可能会有区别，业务性质相同的企业的危险源存在相似特征，企业的危险源是动态变化的。

危险源：可能造成人员伤亡、财产损失、环境污染的能量和危险有害物质。常见的能量包含重力（势能）、动能、机械能、电能、压力、热能、化学能、生物能、辐射等。

危险源举例：高处的人（具有重力势能）；移动的车辆（具有动能）；运转的皮带（具有机械能）；电（具有电能）；管线中的高压液体（具有压力）；熔化的钢水（具有热能）；硫酸（具有化学能）；毒蛇（具有生物能）；阿尔法射线（具有辐射）；硫化氢（具有化学能）等。

二、确认顶上事件

完成危险源识别后，是确定危险源的顶上事件。顶上事件的确认非常重要，如果顶上事件确认合理正确，就有利于设置合适的屏障；如果顶上事件确认不合理，就无法设置合理的屏障。顶上事件是危险源释放的首个事件。出现顶上事件说明危险源已经释放，顶上事件是造成后果的前提，没有顶上事件就没有后果。只有危险源释放，才有顶上事件；没有危险源释放，也就不会有顶上事件。另外，顶上事件发生后，可能产生严重的后果，也可能没有后果。例如：管道中的天然气泄漏，发生顶上事件，但泄漏的天然气可能会被引燃发生火灾，也可能不会被引燃，没有造成后果；高处的人员失足坠落后，可能会直接死亡，可能受伤，也可能没有伤害。

在屏障思维中，比较常见的顶上事件是泄漏、失控和暴露于危险环境 3 类。例如：移动的车辆具有动能，移动的车辆是危险源，对应的顶上事件是车辆失控；汽油具有化学能，汽油是危险源，对应的顶上事件是汽油泄漏；高处的物体具有势能，高处的物体是危险源，对应的顶上事件是物体坠落（高处物体失控）；电是危险源，对应的顶上事件是漏电（电流泄漏）；储罐内的硫化氢是危险源，对应的顶上事件是泄漏；但是，当人员进入含有硫化氢的储罐时，硫化氢是危险源，对应的顶上事件是人员暴露在硫化氢中。

三、分析后果

后果是指危险源释放发生顶上事件后，对人员、资产、环境、公司声誉造成的损害结果。分析可能的后果时，主要是分析人员伤亡、资产损失、环境污染、公司声誉受损（在危险源识别清单中分别以 P/A/E/R 表示）。例如：火灾、爆炸伴随的人员受伤、死亡，员工患职业病，设备损坏，罚款，环境污染，股票大跌等。分析后果的关键是根据危险源设定具体合理的场景，必须尽可能合理，如果场景不合理，分析出的后果不准确，对于后面的风险评估将造成误导。

以移动的车辆为危险源，顶上事件是车辆失控，分析出可能的后果有自身车辆损毁、第三方车辆损毁、司机或乘客伤亡、第三方人员伤亡等，这里的后果主要是侧重人员伤亡和资产损失。如果是危险化学品车辆，还需要考虑环境污染方面的后果，影响较大时，还需要考虑对公司声誉造成的影响。

四、风险评估

根据后果进行风险评估，确定危险源释放的风险等级。不同危险源的风险等级是不尽相同的，比如炸药，相对木材来说，风险一定高，能量更容易释放。相同种类的危险源，数量多少会影响可能释放的能量大小，风险也不同，比如 1 吨汽油的风险自然比 1 千克汽油的风险高。风险的大小，又和危险源所处的环境有关，比如工作环境中人员数量越多，风险越高。风险评估的结果按照重大风险、较大风险、一般风险、低风险分类，即"红、橙、黄、蓝"。风险评估是风险分级管理的基础，风险评估的结果太低是忽视风险，风险评估的结果太高是夸大风险。

五、建立屏障

屏障是为防止顶上事件发生或降低潜在后果而设立的管控措施。以图 5-2 情景为例，为防止人员受到火源的伤害，在人和火之间设置了一道墙，这道墙就是屏障。

图 5-2　屏障示意

在屏障思维模型中，根据位置不同（实质上是功能不同），屏障分为控制屏障和补救屏障。

（1）控制屏障。控制屏障是指控制危险源使其不释放的措施，即控制或预防不产生顶上事件，位于危险源和顶上事件之间。控制屏障指将危险源控制在管线或罐内，不发生泄漏，或者不发生失控（如车辆），或者员工不暴露在危险有害物质中等。例如：防御性驾驶的司机、符合规范标准的车辆、遵守车辆行程管理计划、按照标准设计的管线/罐体、液位高报警及联锁等属于控制屏障。

（2）补救屏障。补救屏障是将顶上事件造成的后果降到最低限度的管控措施，位于顶上事件和后果之间。例如：化工厂的围堰（堤坝），启动应急反应计划，佩戴安全带，使用灭火器，启动喷淋系统，启动防喷器等。补救屏障不是在顶上事件发生后再设置，而是提前已设置好，在顶上事件发生后起作用。例如高空作业时，佩戴安全带是一道补救屏障，在正常作业时安全带不会起作用，当发生顶上事件（人员坠落）后安全带起作用。

以"在3米高处的人"为例，危险源是高处的人员，顶上事件是人员坠落，后果是人员伤亡。控制屏障就是防止高处的人发生坠落的措施，如使用工作平台、升降机、脚手架、安全梯、防护栏杆，遵守作业许可等。补救屏障就是人员已经开始坠落，用来避免或减轻人员伤亡的措施，如佩戴五点式安全带、使用安全网、启动救援计划等。

六、屏障维护

随着时间的推移和工作环境的变化，屏障的有效性降低或屏障缺失。例如：管道作为防止液体泄漏的一道控制屏障，它可能会因为腐蚀而失效；喷淋系统是发生火灾后控制后果的一道补救屏障，它可能会因为水压不足而失效；办理作业许可证是一道控制屏障，它可能因为员工能力不足或领导赶进度而失效。为了预防或控制事故，在建立多道屏障后，需要建立识别屏障效能削弱和维护屏障有效的系统，对屏障进行有效的维护，确保屏障功能的完整性。屏障维护就是安全关键岗位上的人员根据安全关键程序开展安全关键活动，确保所有的屏障处于完整的工作状态。

（1）安全关键活动。安全关键活动是企业开展的确保屏障处在良好工作状态的具体工作，如培训、测试、检查、演习、工作调研等，在企业日常管理过程，应确保每道屏障至少有一个关键活动来维护其可靠性。比如：针对管道这道屏障，安全关键活动可能是周期性刷防锈漆、探伤检测、维护保养等，以确保管道的有效性；遵守操作规程是一道屏障，安全关键活动就是对操作人员开展操作规程的培训；启动应急预案是一道补救屏障，为了确保这道屏障在关键时刻起作用，安全关键活动就是对人员进行应急预案培训、演习。应区分关键活动和屏障之间的关系，任何检查、培训等本身不是屏障，而是针对某个屏障的关键活动。

（2）安全关键岗位。安全关键岗位是有能力并严格按照标准实施安全关键活动的岗位。简单来讲就是开展安全关键活动的人员所在的岗位，例如培训师、检查员、调研人员、维修工、质检员等。在壳牌石油公司的良好实践中，将安全关键岗位分为三类：一线屏障管理岗位，如技术、操作、计划和监督岗位；领导岗位；安全专职岗位。企业需制定安全关键岗位的能力要求，并评估在岗人员的实际能力，识别并记录能力差距，通过制订书面计划并采取监督、指导、培训等措施来减少能力差距。总之，要确保安全关键岗位的人员有能力安全地开展屏障维护工作。

（3）安全关键程序。安全关键程序是确保安全关键岗位开展安全关键活动，维护屏障有效的管理程序。安全关键程序是管理体系的具体要素，例如工作许可证程序、承包商管理程序、应急管理程序、能力发展管理程序、文件管理程序、个人防护用品管理程序、设备完整性管理程序、安全关键设备管理程序等。安全关键岗位如何开展安全关键活动需要有程序文件来说明。安全关键程序用来支撑、确保安全关键活动的开展，明确屏障的维护工作。

七、ALARP 证明

任何工业系统都是存在风险的，不可能通过预防措施彻底消除风险。也就是即便建立多道有效屏障，风险都不可能降低到零。而且当系统的风险水平越低时，要进一步降低就越困难，成本往往呈指数曲线上升，即改进措施投资的边际效益递减，最终趋于零。企业需要明确可以接受风险的程度，即风险承受度，按照"ALARP"原则将风险降低到合理可行状态。

1. ALARP 原则

"ALARP"原则即"最低合理可行（as low as reasonably practicable，ALARP）"。ALARP原则是当前国外判断风险可接受水平普遍采用的一种原则。ALARP 即企业可以接受的风险水平，低于此限度将无法再设置屏障或所需成本与降低的风险不成正比，得不偿失。作为一种原则，各个企业可结合本行业或企业本身的实际情况制定具体的风险可接受水平。而最低的可接受水平必须高于法律法规、规范标准的要求，任何企业的 ALARP 状态都必须高于本国政府法律法规的要求。

如图 5-3 所示，依据风险的严重程度将可能出现的风险进行分级，按照 ALARP 原则将风险区域进行划分。

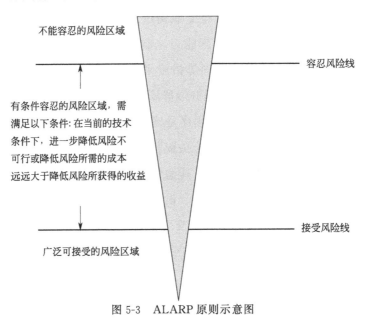

图 5-3　ALARP 原则示意图

（1）不能容忍的风险区域。指容忍风险值以上的风险区域。在这个区域，除非特殊情况，风险是不可接受的，需要采取措施降低风险。

（2）有条件容忍的风险区域（即 ALARP 区域）。指容忍风险线与接受风险线之间的风险区域。在这个区域内必须满足以下条件之一时，风险才是可容忍的：在当前的技术条件下，进一步降低风险不可行；降低风险所需的成本远远大于降低风险所获得的收益。

（3）广泛可接受的风险区域。指接受风险线以下的低风险区域。在这个区域，剩余风险水平是可忽略的，一般不要求进一步采取措施降低风险。

但有必要保持警惕以确保风险维持在这一水平。

不能容忍的风险区域是风险管理的重点，风险评估时必须尽可能地找出处于该区域所有的危险源及相应的风险，并按照 ALARP 原则证明所采取的各类措施已经将风险降低至 ALARP 状态。

2. 各级风险最低安全要求

企业根据以下四类风险等级，按照相应策略实施管理。

（1）低风险：风险比较低，不安排资源优先考虑，只要严格遵守公司的 HSE 管理体系或安全生产标准化就可以控制到 ALARP 状态。

（2）一般风险：风险比较低，只要严格遵守公司的 HSE 管理体系或安全生产标准化就可以控制到 ALARP 状态。

（3）较大风险：中风险，公司应该将控制屏障和补救屏障记录在危险源控制清单上，经过团队论证确认风险已经控制到 ALARP 状态。

（4）重大风险：高风险，企业将屏障思维各个步骤的内容书面化，记录在危险源控制清单上，经过团队论证或定量评估确认红色风险已经控制到 ALARP 状态。

针对重大风险设置屏障和维护屏障之后，在日常的工作中对重大风险的精细化管理就可以做到精益求精，这是以屏障为基础的风险管理的最大特点。在现场检查时，按照建立的屏障逐项检查，确认每道屏障是否有人维护、是否有程序管控、是否有具体的行动确保屏障有效。当发生事故进行事故调查时，屏障缺失或失效是直接原因，屏障未得到有效维护是间接原因，既简单又准确。

根据 ALARP 原则，某企业各级风险的最低安全要求举例见表 5-1。

3. ALARP 案例说明

定性的 ALARP 证明需要由公司组成专家团队做出，可利用头脑风暴一起讨论完成。例如，以企业的"移动车辆"为危险源，可以建立的屏障有符合标准的车辆、司机防御性驾驶、遵守行程管理、车辆保护系统（如防抱死制动系统 ABS)、车辆监控系统、安保车队等。如果这些屏障全部建立,成本较高,企业结合自身实际情况不会全部采取,而是在风险和成本之间寻找平衡点。例如,建立安保车队之前的屏障已经将风险降低至企业可接受的水平,成本也可以接受,如果再建立安保车队屏障,风险很难再降低,但成本却会大幅度提升,使企业无力承担,这时候风险已经管控到ALARP 状态。图 5-4 中风险与成本的承受度线就是 ALARP 的基线。

表 5-1　各级风险的最低安全要求示例

风险等级	风险水平	最低安全要求	分级管控
低风险	广泛可接受的风险区域	执行现有管理程序,保持现有屏障有效,防止风险升级	基层单位
一般风险	广泛可接受的风险区域	可进一步降低风险。设置可靠的监测报警设施或高质量的管理程序,或设置风险降低倍数等同于 SIL1 的保护层(屏障)	基层单位
较大风险	有条件容忍的风险区域(ALARP 区域)	(1)应进一步降低风险。设置风险降低倍数等同于 SIL2 或 SIL3 的保护层。 (2)新建装置应在设计阶段降低风险;在役装置应采取措施降低风险	二级单位
重大风险	不能容忍的风险区域	(1)必须降低风险。设置风险降低倍数等同于 SIL3 的保护层。 (2)新建装置应在设计阶段降低风险;在役装置应立即采取措施降低风险	企业领导层

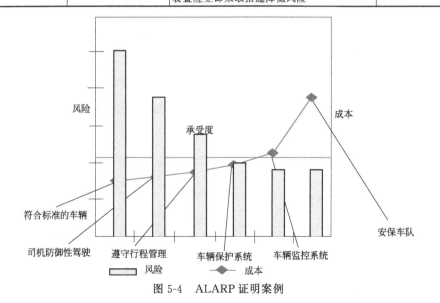

图 5-4　ALARP 证明案例

八、隐患排查治理

隐患排查治理就是排查缺失或失效的屏障，排查不能胜任安全关键岗位的人员，排查缺失的安全关键管理程序，排查未执行的安全关键活动，并采取整改措施的过程。

在屏障思维理论中，事故隐患具体是指：控制屏障失效，补救屏障失效，安全关键岗位人员能力不足，缺乏关键安全管理程序，未按照安全关键管理程序开展安全关键活动等。隐患使屏障失效，可能引起危险源释放造成顶上事件，或者顶上事件发生之后无法将危害降低到最低限度。例如：司机开车时接打手机、超速，司机没有参加防御性驾驶培训，设备没有定期维修保养，设计的管线不符合标准，公司没有员工培养管理程序，员工不遵守保命规则，未申请作业许可证便开始工作，转动设备缺乏防护罩，高空作业时员工没有佩戴安全带，没有开展应急演习，应急设备失效等。

隐患排查的主要目的是了解屏障的状况，并采取相应的措施维护屏障的有效性，所以在日常安全生产过程中，应该先设置屏障，然后再开展隐患排查，而不是盲目地开展隐患排查，却不知道预防事故的屏障有哪些。

第三节　以屏障为基础的双重预防机制建设案例

在现场践行屏障思维，开展双重预防机制建设，既能培养参与人员，使其专业地开展双重预防机制建设，又能建立简单有用的双重预防机制，从而为企业做好风险管理，为实现安全生产打下坚实基础。以屏障为基础的双重预防机制建设开展实践方法如下。

一、提前策划

在双重预防机制建设之前，要明确双重预防机制建设的整体思路、方法、路径、要实现的成果等。可以提前修订风险管理程序，简化风险评估的工具，确保现场人员能熟练应用风险评估的工具。另外，需要提前了解现场的危险源和基本的高风险作业，提前制定危险源识别清单模板和高风险危险源控制清单模板，确保在现场可以应用合适的模板高效开展工作。

二、现场识别

以其中的一个生产单元为样板，将样板单位分为若干个单元，参与人员在每个单元的现场识别危险源、隐患，确认屏障（管控措施）的有效性，现场岗位人员在识别过程中介绍和演示自己在日常工作中如何识别属地风险，如何管控风险，如何排查和治理隐患。现场识别不但能提高全员的参与性，而且能更有针对性地管控风险，更有针对性地排查和治理隐患，从而形成危险源识别清单。

三、双重预防机制建设培训

双重预防机制建设首先不是开展培训，而是去现场识别，然后再开展室内培训。培训将以"风险管理之屏障思维"为主线，系统介绍双重预防机制建设的 8 个步骤。从危险源出发，以顶上事件为中心，设置控制屏障也就是预防危险源不释放，设置补救屏障也就是将危险源释放的危害降到最低，并特别强调在日常工作中对每道屏障的维护，只有维护好屏障才能真正地预防事故。在屏障维护过程中，识别出 4 个关键（4C），即关键设备、关键岗位、关键活动、关键程序，通过 4 个关键将屏障维护的责任落实到全员，实现全员参与。对每个高风险危险源，设置了明确的控制屏障和补救屏障，并落实维护屏障的 4C，也就是形成了危险源控制清单，按照危险源控制清单开展隐患排查，确保了隐患排查的系统性、针对性和全面性。

该培训帮助参训人员理清许多安全概念及相互之间的关系，例如危险源、风险、隐患、风险矩阵、双重预防机制、安全生产标准化、职业健康安全管理体系等。双重预防机制建设以安全生产标准化（职业健康安全管理体系）为基础，将双重预防机制建设当作完善安全生产标准化（职业健康安全管理体系）的主要要素开展，不另起炉灶，不产生"两张皮"的问题。

四、现场回炉

双重预防机制建设培训之后，所有的参训人员又回到现场，在一线根据培训的内容，也就是按照 8 个步骤进行逐项识别和探讨。在回炉过程中，员工真正地将培训内容做到学以致用。什么是危险源、什么是顶上事件、什么是屏障、什么是隐患、什么是关键设备、谁是关键岗位、什么是关键活动，员工对着现场的具体工作，将这些概念和现场具体情况结合起来。

五、分组实践

培训和现场识别之后，将参加双重预防机制建设的人员分为若干小组，每个小组负责一个区域，识别本区域的所有危险源，针对危险源明确顶上事件和后果，按照红、橙、黄、蓝确定风险等级，形成区域危险源识别清单。区域危险源识别清单确定之后，明确该区域的红色和橙色风险的危险源的控制屏障、补救屏障，并对每道屏障进行维护，识别 4 个关键，并判别该风险是否管控到最低合理可行（ALARP）的状态。小组成员需要积极、热烈地探讨和辩论，最后形成小组的危险源识别清单和高风险危险源控制清单。

六、小组成果讲评

每个小组形成自己负责区域的危险源识别清单和高风险危险源控制清单后，组员一起评审，主要是确认区域的危险源是否识别全面、是否有遗漏的主要危险源、顶级事件是否明确、风险评估的结果是否准确、设定的屏障是否合理和全面、屏障维护的责任是否落实到具体的岗位、是否识别出所有的关键岗位、是否识别出所有的关键程序、是否识别出当前存在的隐患、是否证明该风险已经管控到最低合理可行的状态。在双重预防机制建设过程中，通过一次又一次的讲评和头脑风暴式的探讨，既使每位参与人员掌握双重预防机制建设的方法，又确保双重预防机制建设成果的质量。

七、成果及反思

将各小组的工作成果进行汇总，最后形成危险源识别清单和高风险危险源控制清单等。确定危险源数量，形成风险四色图、危险源控制清单，确定安全关键设备、安全关键活动、安全关键岗位、安全关键程序，排查出具体隐患。其他单位参考样板单位的成果开展双重预防机制建设，并将自己的成果提交相关专家审阅，最后定稿并严格执行。

以前制定的管控措施往往是加强培训、强化巡检、遵守规程等，太过于笼统，缺少针对性，无法有效地管控风险。双重预防机制建设针对具体的危险源建立了十几道控制屏障，从设计和规划开始，非常全面，非常有针对性，特别是许多屏障是一线员工的实践总结，这既保证了屏障（管控措施）的质量，又提高了现场员工的主人翁精神，非常有利于在现场的具体执行。

面对多方面的、不断改变的安全管理要求，企业一线员工如何有定力地做好风险管理？在双重预防机制建设中，要紧盯危险源，设置和维护屏障以预防事故。屏障就是预防事故的最直接、最有效的管控措施，不管管理要求怎么改变，预防事故的屏障有其稳定性。企业应全力以赴地维护好每道屏障，培育全员到一线维护屏障的卓越安全文化，实现安全生产，让每位员工每天安全回家。

践行屏障思维开展双重预防机制建设的方法和成果深入人心，重大风险管控目标更明确，屏障思维更直接、更具体地体现在每一个活动中，矫正了之前 LEC 危险源评价法的冗余、分散、不直观、不系统、重点管控目标不清晰的缺陷。

以屏障思维为核心的双重预防机制建设真正地理清了许多安全管理的概念，特别是纠正了对分级管控的认识。以前认为分级管控就是将四色风险对应不同的管理岗位，其实分级管控的关键是不同的风险有不同的管控策略、有不同的管控要求，有针对性地管控不同风险。

在维护屏障过程，识别出了 4 个关键，通过 4 个关键将屏障的维护责任落实到具体岗位。绝大部分的维护工作往往由非安全专职人员承担，4 个关键就是落实全员安全生产责任的有效抓手。

第六章

零事故愿景

取法于上，仅得为中；取法于中，故为其下

——（唐）李世民《帝范·崇文第十二》

痛点： 有些企业管理人员误将零事故愿景当作当下的目标或年度目标，结果导致企业全员不相信零事故愿景，这就失去了愿景的作用和价值。许多企业没有制定中长期安全目标，结果安全管理多年后没有大的变化。许多企业的管理人员没有针对年度目标制订明确的工作计划，或者没有对工作目标和计划的完成情况进行考核，结果是安全目标管理机制未建立，一直无法实现期望的安全目标。

第一节　卓越安全目标管理模型

坚持目标导向的目标管理是当代主要的管理方法。所谓目标管理就是指企业的最高层领导根据企业面临的形势和社会需要，制定出一定时期内企业经营活动所要达到的总目标，然后层层落实，要求下属各部门主管人员以及每位员工根据上级制定的目标和保证措施，形成一个目标体系，并把目标完成情况作为考核的依据。目标是要实现的结果。简而言之，目标管理是让企业的主管人员和员工亲自参加目标的制定，在工作中实行自我控制，并努力完成工作目标的一种制度或方法。目标管理的实质是绩效价值导向，目标管理让整个企业、各个部门、各位员工事先有明确量化的指标，事中检查考评，事后奖罚兑现。

　　安全管理是企业管理的主要内容，安全管理也是按照目标管理开展日常工作，经过多年的实践，形成了卓越安全目标管理模型，图 6-1 所示为卓越安全目标管理模型。

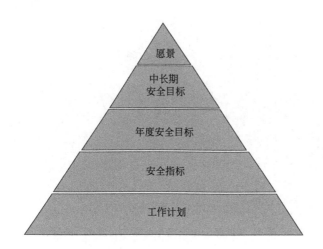

图 6-1　卓越安全目标管理模型

一、愿景

　　愿景是企业对未来的设想和展望，是企业在整体发展方向上要达到的一种理想状态，即愿望中的景象，回答企业将成为什么样的问题，即"企业要去哪里"。愿景为企业提供了一个清晰的发展方向和蓝图，告诉企业的每位成员企业将要走向哪里，是企业为履行庄严使命必须树立的长期追求的目标。

　　安全管理的愿景就是零事故。当前几乎每个企业都建立了零事故的安全愿景，比如安东石油公司的安全愿景是"零事故、零伤害、零投诉、零污染"，英美资源有限公司的安全愿景是"零伤害、零容忍"。2017 年第 21

届世界工作安全与健康大会在新加坡召开，来自180多个国家和地区的安全人员参加该次大会，该次大会的主要议题之一是发布"Vision Zero"，也就是"零事故愿景"（图6-2）。我国政府也派代表参加了本次大会，并在大会上代表国家承诺与世界各国一起追求零事故愿景。当时新加坡总理李显龙在会议上做了主题报告，承诺新加坡政府追求零事故愿景，并呼吁世界各国追求零事故愿景。

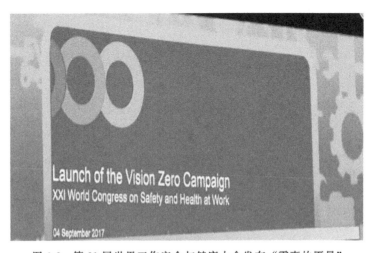

图 6-2　第 21 届世界工作安全与健康大会发布"零事故愿景"

追求零事故愿景就是践行工作伤害和职业病都是可以预防的；

追求零事故愿景就是追求卓越的过程；

追求零事故愿景就是在实践变革性的预防方法；

追求零事故愿景就是重塑卓越安全文化。

我们如何追求和实现零事故愿景呢？

（1）愿景是长期追求的战略目标。愿景不是当下或者短时间内能实现的目标。如果是当下或者短时间内能实现的目标，就不是愿景。零事故是指不发生任何事件事故，是指没有任何员工任何形式的伤害，这不是一朝一夕能实现的。但我们要坚信零事故愿景是可以实现的，但不是在短时间内能实现。

（2）零事故愿景是追求卓越的体现。如果我们没有零事故愿景，那我们制定什么样的安全愿景？我们制定 1 位员工伤亡的安全愿景吗？如果是 1 位员工伤亡，那这是谁？如果每个企业都制定 1 位员工伤亡的安全愿景，最后有多少人伤亡？答案肯定是多于 1 人伤亡。所以，我们大家一定要全力以赴地追求零事故愿景。

（3）零事故愿景需要支撑。零事故愿景需要中长期安全目标、年度目标、绩效指标、工作计划和考核等系统支撑，否则零事故愿景就是空中楼阁，无法实现或不可持续。

二、中长期安全目标

中长期安全目标是几年内要实现的安全目标，中长期安全目标是支撑安全愿景的基础。企业一般都有 3 年或 5 年战略规划，计划在这几年企业要实现的目标，企业的 3 年或 5 年战略规划中应该体现安全的目标。例如：某城市燃气企业 3 年内的安全目标是根据风险评估，完成地下所有泄漏管线的更换，实现基本的本质安全；某化工企业 3 年内的安全发展目标是将企业当前的安全文化从"计划"提升到"主动"阶段。2020 年 4 月 1 日国务院安委会推出的《全国安全生产专项整治三年行动计划》是国家生产安全层面的一个中长期目标。

我们如何制定和实现中长期安全目标呢？

（1）制定中长期安全目标是为了支持追求零事故愿景。

（2）将中长期安全目标纳入企业业务整体发展的中长期目标。

（3）中长期安全目标是几年的安全目标，需要系统策划，确保几年后企业的安全现状发生变化，改变企业安全现状，避免企业安全生产出现一直原地踏步的窘状。

（4）根据中长期安全目标，制定明确的年度安全目标。

三、年度安全目标

年度安全目标是当年内要实现的安全目标，年度安全目标是支撑安全愿景和中长期安全目标的基础。现在的企业在制定年度安全目标时，既包括领先指标，也包括滞后指标，领先指标支持滞后指标的实现。年终进行考核时，同时考核领先指标和滞后指标，领先指标需要有具体的工作计划支撑。当企业发生严重的事故，也就是没有实现安全滞后目标时，对于安全问题考核是一票否决。如某集团 2020 年度安全目标是：滞后指标是零重伤、零新增职业病；领先指标是设备完好率 99％、员工培训完成率 100％、管理人员个人行动计划完成率 100％、操作规程修订率 100％。

（1）年度安全目标支持中长期安全目标和零事故愿景。

（2）年度安全目标是可以实现的，既不能太高，太高无法实现；也不能太低，太低没有意义。

（3）将年度安全目标融入企业业务年度目标。

（4）年度安全目标结合当下的实际情况，确保将当前的高风险管控到最低合理可行的状态。

四、安全指标

在安全管理过程中，通常大家应用两类指标，即领先指标和滞后指标。企业根据自己的实际情况选用合适的安全指标，既能衡量自己安全管理状况，又能与其他企业对标，在安全指标的引领下可以持续高效地提高安全管理水平。

1. 领先指标

领先指标是指根据制订的工作计划及安全的工作重点，制定的衡量企业预防事故行动的指标。

（1）领导示范

①领导个人行动计划完成率；②领导安全风险管理能力合格率。

（2）风险管理和隐患排查

①屏障可靠性评估率（评估的屏障占计划性屏障的比率）；②硬件屏障维护保养率；③所发生事件的调查和分享率；④隐患整改率。

（3）计划性工作

①三级安全教育完成率；②转岗（包括晋升）人员安全培训率；③安全工作计划完成率。

（4）安全融入业务管理过程

①安全主题包括在业务会议率；②班前会执行率

（5）设备和技术

①设备完好率；②设备维修保养率。

（6）能力培养

①岗位安全能力匹配率；②安全培训计划完成率。

（7）激励

①员工建议反馈率；②卓越安全绩效奖励人数；③卓越安全绩效奖励率。

2. 滞后指标

滞后指标是指企业所发生的事件、事故的统计，反映企业实际安全绩效的指标。不同行业选择的滞后指标不同。举例如下。

（1）石油管道运行企业：千公里管道事故率。

（2）煤矿：百万吨煤事故率。

（3）道路运输行业：百万公里事故率。

五、工作计划

企业根据年度安全目标制订自己的年度安全工作计划。安全工作计划是为了实现年度安全目标需要开展的具体工作，安全工作计划要包括与安全目标相关的所有内容。制订安全计划时，必须遵照 5W 原则，也就是明确做什么（what）、谁做（who）、什么时候做（when）、在什么地方做（where），做的人搞清楚为什么做（why）。例如，某化工厂制订的风险管理培训计划：

培训主题：风险管理之屏障思维

参加人员：化工厂班组长级别以上（包括班组长）的 120 位管理人员

培训师：集团培训中心老师（至少具有 10 年现场安全经验，已经开展 10 次以上风险管理的屏障思维培训）

培训时间：每班 30 人，共计 4 个班，2021 年度第一季度 2 个班，第二季度 2 个班

培训时间：每天 8 小时，培训 2 天

培训地点：化工厂会议室

六、考核

《安全生产法》规定：生产经营单位全员安全生产责任制应当明确各岗位的责任人员，责任范围和考核标准等内容。生产经营单位应当建立相应的机制，加强对全员安全生产责任制落实情况的监督考核，保证全员安全生产责任制的落实。在企业确定年度目标和整体工作计划及签订安全目标责任之后，每个岗位根据自己的安全生产责任制订具体的工作计划，在考核周期对计划的完成情况进行考核，并将考核结果与企业的绩效挂钩，这就形成了《安全生产法》要求企业建立的责任目标机制。

不同企业的考核周期不同，有的企业按季度考核，这需要按季度制订安全工作计划。在考核周期，对分解的目标、指标和工作计划的完成情况进行考核。滞后指标的实现既有全员努力的结果，也有运气的成分，实现了滞后指标不代表做好了安全工作。这就是为什么现在许多企业的安全领先指标占考核指标的 70％以上，其余是安全滞后指标，这也体现了安全第一，预防为主的理念。在制订工作计划时，需要明确具体的考核办法，例如在前文提到的风险管理培训考核办法是：120 位管理人员参加 2 天完整的培训，该培训的完成率是 100％，其中请假 30 分钟以上的学员不能通过该次培训。

制定安全目标，根据安全目标制订工作计划，实施安全工作计划，考核目标和安全工作计划的过程，其实就是 PDCA 循环的过程。对于任何的安全目标和安全工作计划，都需要我们在日常工作中践行知行合一，才能实现。

第二节　如何做到知行合一

知行合一是中国思想文化的精髓之一。中国古代的思想家、哲学家、教育家等认为知行合一是立德、立功、立言"三不朽"的重要途径，知行合一既是价值观，也是方法论。知行合一：知是知识、认识、价值观、法律法规、规章制度、方法等；行是行动、执行等。知行合一，从本质上讲是认识和实践的统一，"知"与"行"是辩证统一的关系，相互依存，一体相连，不可分离。"知"是基础、是前提，是出发点，"行"是重点、关键，是实际成效、是最终检验，言行一致、表里如一，以知促行、以行促知。

以行促知，实践是员工安全工作最好的课堂。古人云"纸上得来终觉浅，绝知此事要躬行。"实践是员工安全理论学习和巩固安全理论知识的关键途径，是培养一支能够经得住磨炼、撑得住挫折、打的赢胜仗的员工队伍的有效途径。

现代管理学之父彼得·德鲁克说："管理是一种实践，它的本质不在于知，而在于行。"知行合一是知识、行为和品质的结合体，图 6-3 为 KBB（knowing，being，behavior）知行合一模型。例如，某个人具有安全知识，然后体现出安全行为，这个人最后呈现的是重视安全、关爱他人的品质，这就是卓越安全追求的知行合一。

1. 改变思维

深刻理解知行合一的概念和意义，从思想上重视知行合一，践行知行合一，做一个知行合一的人。常言道：知道怎么做的人，不一定是人才，只有能做到的人，才是人才。知行合一，"知者行之始"，前提是有"知"，这是为"行"创造条件、提供依据。因为以"知"为指导的"行"才能行

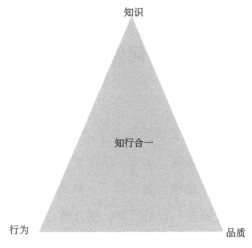

图 6-3　KBB 知行合一模型

之有效，才能行稳致远，正所谓"知明方能笃行"。相反，就会出现少知而迷、不知而盲、无知而乱。"行者知之成"，知行合一，贵在"行"，"知"的最终目的就是正确地"行"。以"行"检验的"知"才是真知灼见，离开"行"的"知"只能是空知或无知。换言之，以行促知，方能明大道，因为实践是检验真理的唯一标准。

2. 先行动起来

绝大部分人的失败不是因为没有思考，而是因为犹豫不决，迟迟没有行动。常言道，谋定而后动，三思而后行，但是在思考的过程中，做事的勇气却一点点被消磨掉，人都有惰性，过度的思考只能带来拖延，而"三思"又是自己拖延下去的绝佳借口，于是事情就一拖再拖，最终等到拖不下去的时候，才仓促行动。行动起来的时候才发现，有很多问题是在行动中才呈现出来的，而此时，人已经没有足够的时间和耐心解决这些问题，只能草草收场。事前的"三思"其实和事实脱节很严重，只有先去做了之后，才能知道问题所在，才能真正解决问题。知易行难，只有先行动起来，才能发现有哪些问题，只有边行动边思考，才能不断前进。考虑一千次，不如去做一次，犹豫一万次，不如去实践一次。做，就有成功的机会，而不做，却是一点机会也没有。不要想太多，先行动起来，纵然华丽跌倒，也胜过无谓徘徊。

3. 循序渐进

俗话说得好，一口吃不成胖子，万事万物都是一点点积累起来的，要想做到知行合一，就一定要注意循序渐进，从小事做起，不要让大目标挫伤了我们的积极性。虽然每个人的潜能都是无限的，但是做事要脚踏实地，一步一步来。只有专心致志地做一件事，才能让自己不断地有新的领悟。这就如同树刚萌芽，要用少量的水去浇灌，树芽稍长了一点，再多浇一点水，树从一臂粗到双臂合抱，浇水的多少，都要根据树的大小来决定，刚萌生的嫩芽，如果用一桶水去浇灌，就会把它泡坏了。饭要一口一口吃，路要一步一步走，欲速则不达，揠苗助长，是不可能获得成功的。

4. 价值观

"实践、认识、再实践、再认识，这种形式循环往复以至无穷……这就是辩证唯物论的知行统一观"，知行合一是一个螺旋式上升的过程，只有不断在实践中发现问题，又通过实践解决问题，最终"知"和"行"才能在实践的运动中达成合一。我们做不到知行合一，其实是因为我们没有把一些正确的道理化为信念，我们没有把信念化为本能和直觉。人最大的力量是信念，超级力量则是本能。如果你是三十岁，那么三十年来，你至少始终在坚持一件事：吃饭。食，是我们的本能，人人都在坚持。如果你把一个适合你的人生道理如吃饭一样坚持下去，你试试看，力量到底有多大！但是，如果一些适合你的道理，不能成为你的信念和本能，你就会对它半信半疑，一旦遇到困难，你就会退缩，不可能坚定地向前，义无反顾。知行合一恰好可以解决这一问题，知行合一的过程其实就是让我们把一些正确的道理化为信念、本能的过程。知行合一既是一种方法论，同时也是我们的人生价值观。在日常的安全管理过程中，我们将安全的知行合一当作价值观，不管遇到什么人，只要其做出不安全的行为或处于不安全的状态，我们都要毫不迟疑地进行干预，践行安全价值观。

5. 笃行

明代哲学家王阳明有句话"辨既明矣，思既慎矣，问既审矣，学既能矣，又从而不息其功焉，斯之谓笃行。"意思是，当我们已经分辨清楚，思考缜密，问得详细，已经学会了，还是持续地用功，这就是笃行。笃行是获得成功的必要前提。不单做学问是这样，做任何事情都是这样，要想做到炉火纯青，就要付出加倍的努力。

孔子当年向音乐大师师襄子学琴，师襄子看他天天弹一首曲子，实在看不下去了，就对他说，你弹得不错了，可以试试新曲子了。孔子说，我虽然熟悉了曲子，但是弹奏的技法并没有完全掌握。过了一段时间，师襄子说，你已经掌握了技法了，可以学习新曲子了。孔子说，我虽然掌握了技法，但是还没有领悟作者在曲中蕴含的情感。又过了一段时间，师襄子提醒孔子说，你已经领悟其中的情感了，是不是可以学习新曲子了呢？孔子说，我还没从曲中领悟到作者的为人。过了一段时间，孔子弹奏曲子的气质发生了翻天覆地的变化，一副庄重肃穆的样子。孔子高兴地对师襄子说，我终于知道作曲者是个什么样的人了。他志向高远，应该是个统治四方的诸侯，只有周文王有这样的气度。就这样，孔子用了超出常人数倍的时间和精力，精益求精，把这首曲子弹奏得炉火纯青。同时举一反三，孔子在弹奏其他曲子的时候，也变得得心应手。

简单的事情重复做，你就是专家；重复的事情用心做，你就是赢家！我们的安全管理工作也没有捷径可走，必须笃行，必须一次又一次地重复动作。比如：每次乘车都戴安全带，每次工作前都开展风险评估，每次上班前都召开班前会，每次过马路都必须遵守交通规则等。

6. 学以致用

学以致用就是指为了具体应用而学习，为了更好地完成某一项具体的工作而学习。学习之前要有明确的目标，学习之后要立即执行，并跟踪学习和应用的成果。许多人在努力学习，阅读各种书籍、学习各种课程、参加各种培训，但是为什么没有提高自己的能力呢？这是因为真正的学习是改变自己的工作方法，是改变自己的行为，也就是学习之后一定要学以致用，一定要应用所学到的方法、技巧。如果不应用，行为没有改变，就是无效的学习。彼得·德鲁克曾一针见血地指出："没有应用于行动和行为的智慧只不过是毫无意义的数据而已！"

为什么许多人不能做到学以致用呢？因为人的本性是追求安逸舒适，但是真正的学习几乎都是痛苦的，它要求学习者走出自己的舒适区，不仅要从认知上有所改变，而且要在行动上有所改变，这才是学习的本质。有多少人学习之后走出舒适区？有多少人改变了自己的认知？又有多少人改变了自己的行为？我们引导客户走出舒适区，改变行为，每次卓越安全系列培训的最后一个模块就是大家对执行 3 个月的计划做出承诺。每个人制订执行计划，并当众书面承诺，建议管理层跟踪，确保学以致用。自己读书的目的是帮助自己改变思维或找到更好解决问题的方法。读书时看到新颖的观点或有效的方法，可以立即画圈或标注。通读之后，反过来总结重点和有用的东西，可以在微博和微信朋友圈分享。有时候朋友在微信朋友圈提问或表达自己的观点，我们一起深入讨论，实际上是帮助自己记忆和吸收。有时候可以将读书心得和重点撰写成短文章在微信公众号发布，供大家分享学习。笔者常一边读书，一边修改培训课件，完善课程体系，这是自己读书的最高目标之一。卓越安全系列培训的最后一个环节"制订学以致用的计划"就是阅读《执行》之后的改变。当学到的知识已经熟悉到不需要思考，就可以下意识地做到，就是知行合一。

7. 量化知行合一

用数据或图表说话最能引起人们的注意，我们尽可能地量化知行合一。第一种方法，我们参考 6 西格玛，对职业健康安全管理体系或安全生产标准化执行情况取样进行分析，近似地计算出西格玛值，比如在 3 西格玛或 4 西格玛阶段，应提醒管理层重视和提升体系的执行力。第二种方法，我们对企业的安全文化进行评估，分为 5 个阶段，不同的阶段代表不同的执行或管理现状，也与管理层沟通，并制订计划将企业的安全文化提升到更高阶段。第三种方法，取样近似评估企业 5S 所处阶段，比如处于 3S 或 4S 阶段，这也是提醒管理层重视和提升知行合一的方法。

8. 及时跟踪

工作中，我们常有这样的体会，如果做一件事情没有人监督，大部分情况下会因为各种理由半途而废。这时，如果有一个人守在旁边，时刻提醒、帮助，那么我们进度往往会很快、效果很好。2019 年 7 月笔者在青岛偶遇世界管理大师拉姆·查兰，当面向大师请教了一个问题：为什么我们做了许多计划，结果最后许多计划没有执行？拉姆·查兰回答："Follow up! Follow up every day every week!（跟踪！每天每周跟踪！"）。

其实最好的跟踪计划应从学习前开始，要将学习和解决问题当作一个完整的项目去做，按照项目管理的思路完成。在制订计划时，我们需要问以下 11 个问题：当前存在的问题或要解决的问题是什么？解决问题的瓶颈是什么？学习的目的是什么？学习的方式是什么？学习到的解决问题的方法是什么？如何落实学习到的方法？落实学习到的方法还需要其他资源吗？落实学习到的方法要实现什么样的目标？谁负责过程跟踪？谁负责结果或目标的考核？谁负责阶段性的复盘？

9. 由行到知

由行到知也就是在日常的管理过程中进行总结，形成可以复制的

"知"，这个"知"才能更好地指导"行"。海尔集团从行到知的成果是"人单合一"，"人单合一"现在是哈佛大学的教学案例。阿里巴巴从行到知的成果是对"六脉神剑"的考核，许多企业正在借鉴价值观考核的方法，从而培育卓越的企业文化。其实每个普通人也可以将自己的工作成果进行总结，形成新的"知"来指导自己和他人的工作。卓越安全 STAMP 模型就是我们在长期实践中总结成"知"的成果。

在安全管理过程中，知行合一就是"写所做的，做所写的"，即践行 6 个一致——写行一致、言行一致、时间一致、空间一致、事事一致、人人一致，做知行合一的企业"达人"。全力以赴地按照标准做好每个细节就是知行合一，严格践行知行合一完成自己的工作计划，实现领先指标，实现年度目标，最后实现中长期目标并一直追求零事故愿景。

第七章

安全融入生产经营全过程

不谋全局者，不足谋一域

——《痛言二·迁都建藩议》

痛点： 有些企业认为安全和生产是两回事，总想将安全与生产过程分离，让少数的安全专职人员承担安全管理责任，而大多数的管理人员抓生产，结果造成"小马拉大车"和"两张皮"的窘境，事故经常发生。

第一节　安全绩效是企业综合管理的结果

事故源于企业综合管理水平低下，安全绩效也与企业综合管理水平相关。要预防事故，就必须全面提升企业的整体管理水平，才能真正地从根本上预防事故。许多专家认为我们国家大事故发生的原因主要是一线操作人员无知无畏、企业管理人员不遵守规定、能量集中意外释放，也就是没有在危险源的源头设置和维护足够的屏障。安全事故不是由单纯的所谓的安全原因造成的，而是由一系列的因素造成的。控制这些因素完全超出了安全专职人员的责任范围、权限和能力，只有企业一把手或实际投资人才能解决由这些因素造成的问题。这就是为什么国家的安全生产方针是"安全第一，预防为主，综合治理"；这就是为什么新时代提出全面践行总体国家安全观；这就是为什么《中华人民共和国安全生产法》明确"管企业必须管安全、管业务必须管安全、管生产经营必须管安全"。只有用整体的、系统的、综合的方法和思路进行企业的安全生产管理，才能从根本上预防事故。

事故是企业的各种管理漏洞或缺失的显性表现形式。漏洞包括设计的漏洞、工艺的漏洞、设备的漏洞、员工能力的漏洞、风险评估的漏洞、程序的漏洞、激励的漏洞、投入的漏洞、合法合规的漏洞、责任的漏洞、目标的漏洞、质量的漏洞、采购的漏洞、资源不足的漏洞、第三方管理的漏洞、领导能力的漏洞、企业文化的漏洞等。不能单纯地通过所谓的"安全手段"预防所谓的"安全事故"，因为所谓的"安全手段"是单一的不全面的手段，所谓的"安全事故"是各种管理漏洞的体现，是由企业综合管理水平低造成的。不要给事故前面加上"安全"，"安全"会误导全员，让大家认为"安全"是安全专职人员的事。通过分析以下两起重大事故原因，我们也得出事故是企业综合管理的结果。

（1）墨西哥湾漏油事故。2010 年 4 月 20 日，英国石油公司（BP）位于墨西哥湾的"深水地平线"钻井平台发生井喷，随后爆炸并引发大火，大约 36 小时后平台沉入墨西哥湾，11 名石油工人死亡，17 名石油工人严重受伤。"深水地平线"钻井平台底部油井自 2010 年 4 月 24 日起漏油不止，据估计每天平均有 12000 到 100000 桶原油漏到墨西哥湾，导致至少 2500 平方公里的海水被石油覆盖污染。漏油持续 83 天后，2010 年 7 月 15 日，堵漏成功，原油泄漏结束。此次漏油事故造成了巨大的环境和经济损失，英国石油公司为此遭受总计约 600 亿美元的损失。

事故调查发现该钻井平台上一共有 6 道屏障先后失效，分别是设计、固井、水泥塞、泥浆、启动应急预案、防喷器。其中设计、固井、水泥塞、泥浆、启动应急预案都与设计或设计的执行有关；防喷器与设备管理或资产完整性有关；6 道屏障的失效都与员工交付的工作质量有关；6 道屏障的失效都与员工的素质和能力有关；6 道屏障的失效都与管理人员的领导能力有关；6道屏障的失效都与公司的企业文化有关。也就是说是设计问题、资产完整性问题、员工的工作质量问题、员工的素质和能力问题、管理人员的领导能力问题、企业文化问题等造成了该起事故，而不是由所谓的简单的安全问题造成了该起事故。设计管理、资产完整性管理、员工的工作质量管理、员工的素质和能力培养、管理人员的领导能力培养、企业文化的培育等正是企业综合管理的内容，该起事故是由很差的企业综合管理水平造成的。

（2）宜宾某企业爆炸事故。2018年7月12日，位于四川省宜宾某公司发生爆炸着火事故，共造成19人死亡、12人受伤。根据报道该公司存在未批先建、违法违规生产、实际生产产品与设计不符等问题，其生产工艺没有经过正规设计，基本没有安装安全设施。车间副主任只有小学三年级文化，"认不全化学元素符号"。这次事故中死亡的19人中有16人是该公司操作工，据了解，这些操作工缺乏化工安全生产基本常识，未掌握本岗位生产过程中存在的安全风险。作为高危险的化工行业，国家对其有完备的管理体系，从设计、施工到生产，每个环节都有详细的规定。该公司从最初的设计到施工再到最后的生产，每一个环节都不符合安全生产的相关规定，企业违规到了无法无天的地步。地方政府为了片面追求GDP，盲目引进化工项目，纵容企业违规作业。

该起事故是由以下原因造成的：企业未批先建和报请材料与现场不符问题，现场与设计图纸不一致问题，安全设施未通过"三同时"验收就投料试车的问题，企业主要负责人不依法履职的问题，企业的技术工艺来源及安全性的问题，设施设备来源及合法性的问题，设计、评价、施工等三方单位的履职问题，政府有关部门在项目引进、审批、建设过程中的监管问题等。这些问题反映的是企业生产经营活动的计划、组织、指挥、协调和控制的失效，也就是企业综合管理的失效，该起事故是由企业特差的综合管理水平造成的。

企业遵守法律法规，做好项目规划、项目设计、设备的配套和维修保养、人员能力的培养、生产现场的组织协调、承包商管理、采购管理、风险管理、安全文化建设，确保企业有卓越的质量保证，全面提升企业的综合管理水平，就会大量减少管理漏洞，自然而然地也就预防了事故。

第二节　改变"小马拉大车"和"两张皮"

要预防事故就得提升企业的综合管理水平，要提升企业的综合管理水平就要提升企业管理各个环节的管理水平，也就是要将安全融入生产经营全过程。当前将安全融入生产经营全过程需要解决两个突出问题——"小马拉大车"和"两张皮"。

一、避免"小马拉大车"

当前许多企业误解了安全管理，企图将安全从生产经营过程中分离出来，将安全责任推诿给企业仅有的几位专职安全人员，其他人员不认为安全是自己的责任，认为安全是专职安全人员的责任，这样当然无法有效预防事故。原吉林省安监局丁喜忠局长将这种状况称作"小马拉大车"，结果是不但拉不动车，还会翻车。也有人将这种状况称作"安全专职人员唱独角戏"。其实"小马拉大车"就是安全没有融入生产经营全过程的体现，因为安全没有融入生产经营全过程，也就没有实现全员参与安全管理。

"小马拉大车"的问题是谁造成的？《安全生产法》明确了企业主要负责人、安全专职人员及全员的职责。可是在日常管理当中，许多企业主要负责人让安全专职人员承担主要负责人的职责，试图小马拉大车，结果安全责任一直不能有效落实。企业根据《安全生产法》建立安全生产责任制，明确全员的安全生产责任，并实事求是地承担法律赋予的责任是解决"小马拉大车"的法律依据和方法。

《安全生产法》第五条规定"生产经营单位的主要负责人是本单位安全生产第一责任人，对本单位的安全生产工作全面负责。"明确主要负责人是本单位安全生产的第一责任者，对安全生产工作负主要领导责任，此处的主要负责人包括董事长、党委书记、CEO、总裁、总经理、厂长及企业实际控制人等。

2021年9月1日实施的新修订的《安全生产法》第二十一条明确了生产经营单位主要负责人的7项安全生产职责；第二十五条明确了生产经营单位的安全生产管理机构及安全生产管理人员的7项职责。在修订的《安全生产法》实施之前，许多企业的安全生产管理人员承担了主要负责人的职责。

越俎代庖对专职安全人员来说是委屈的事情，这种被动式的越俎代庖正是许多企业负责人有意安排和管理的结果，各分管领导、各级直线管理人员、各专业人员也都上行下效，久而久之形成了自己特有的不履职的惯性。由于此问题长期存在，是安全管理中的顽疾，必须下决心解决。这个决心必须从遵守法律开始，必须从领导开始，必须以上率下，必须有足够的力度，必须有坚决的措施！

二、杜绝"两张皮"

许多企业建立了职业健康安全管理体系或安全生产标准化，但是职业健康安全管理体系或安全生产标准化如果与现场的具体执行脱节或分离，也就会出现纸上安全和现实安全不一致的"两张皮"问题。"两张皮"问题体现的是安全没有融入生产经营全过程，即没有落实"谁主管，谁负责"。应急管理部已经向"两张皮"开刀，督导安全工作必须从纸上安全向现实安全转换，最后实现卓越安全！

2020年1月19日江苏省应急管理厅下发《关于做好当前安全生产标准化工作的通知》（以下简称《通知》），其中要求：一、暂停受理标准化评审申请；二、迅速开展标准化运行情况"回头看"；三、立即开展评审质量自查自纠工作；四、加强标准化工作的监督管理。为什么江苏省暂停二级安全生产标准化评审申请？《通知》提到，国务院江苏安全生产专项整治督导组在部分市、区检查督导时发现，一些企业安全生产标准化创建与运行分离、安全生产标准化评审工作不严格等问题。为落实好问题整改，切实提高安全生产标准化评审和运行质量，就现阶段安全生产标准化工作提出相关要求，要求相关企业结合实际，贯彻落实。

江苏省应急管理厅整治标准化"两张皮"，整治纸上安全，暂停受理二级标准化申请。本来建立安全生产标准化是为了用一套系统、成熟的方法管理安全生产风险，然而许多企业却为建立安全生产标准化而建立安全生产标准化，在现场根本没有具体执行，不仅没有实现预防事故的目标，而且许多企业将纸上的安全生产标准化当作做好安全的挡箭牌，误导现实中的安全管理。

第三节　将安全融入生产经营全过程

事故发生后，事故调查报告显示的原因可能是：没有遵守法律法规；没有设计或没有遵守设计；人员能力不足；设备没有正确维修保养；资金投入不足；承包商管理失控；采购的材料或配件不符合标准；现场组织管理混乱；没有落实主体责任；操作规程不健全等。其实这些工作是由企业的设计或工艺部门、人力资源部门、设备管理部门、财务部、采办部、现场管理人员、企业管理人员等承担，这些工作并不是由几个专职安全人员承担。事故调查报告显示这些方面有问题，也就是相应的部门或人员没有按照企业的标准交付有质量的工作，结果埋下了事故隐患，最后酿成大祸。要从根本上预防事故，这些部门和人员必须在日常工作当中按企业的标准和要求交付高质量的工作，也就是参与企业管理，真正地参与企业管理也就自然地参与了安全管理，也就实现了全员参与安全管理。图 7-1 为安全融入生产经营全过程。

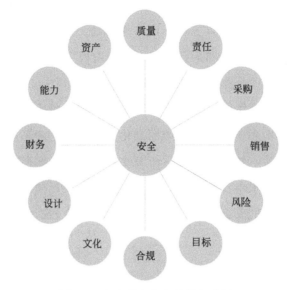

图 7-1　安全融入生产经营全过程

　　企业应参考有关标准，增强将安全融入生产经营全过程的意识。国际标准化组织 2018 年发布的《职业健康安全管理体系要求及使用指南》（ISO 45001：2018）中三次提到将职业健康安全管理体系融入企业业务全过程：第一次，在总结体系运行成功因素部分，将职业健康安全管理体系融入企业业务过程；第二次，在领导和承诺部分，确保将职业健康安全管理体系要求融入企业的业务过程；第三次，在使用指南介绍部分，将职业健康安全管理体系要求融入各项业务过程中（如设计和开发、采购、人力资源、销售和市场等）。

一、安全融入质量管理

　　国际标准化组织在 ISO9001 中对质量的定义是一组固有特性满足要求的程度。这个质量定义有三层含义，第一，某个产品或某项活动或某个过程的工作质量；第二，定义中特性是指事物所特有的性质，固有特性是事物本来就有的；第三，满足要求就是应满足明示的（如明确规定的）、通常隐含的（如企业的惯例、一般习惯）或必须履行的（如法律法规、行业规则）的需要和期望。在质量管理过程中，"质量"的含义除了产品质量之外，还包括工作质量。质量管理不仅要管好产品本身的质量，还要管好质量赖以产生和形成的工作质量，并以工作质量为重点。

全面质量管理就是企业以质量为中心，以全员参与为基础，目的在于通过让顾客满意和本企业所有成员及社会受益而达到长期成功的管理方式和理念。产品和服务质量的好坏，是整个企业综合管理成果的反映。企业运行的每个环节、每项工作都要涉及人，每个人都与产品和服务质量有着直接或间接的关系。每个人都重视质量，都从与自己有关的工作中去发现与产品和服务质量有关的因素，并加以改进，产品和服务的质量就会不断地提高。全员参加的质量管理要求全部员工，无论高层管理者还是普通职员或一线工人，都要参与质量改进活动。参与"改进工作质量管理的核心机制"是全面质量管理的主要原则之一。全过程的质量管理必须在市场调研、产品的选型、研究试验、设计、原料采购、制造、检验、储运、销售、安装、使用和维修等各个环节中都践行"下道工序就是顾客"的理念，把好质量关。

企业中的每个人都与工作质量有关，只要企业中的管理人员按照企业明确的标准，激励和要求全员交付有质量的工作，当每个人交付了有保障的工作质量，那企业的运营质量就有保障，企业就管控了已经识别的风险，就能实现可持续发展，就能确保安全生产。全员参与质量管理就是企业的每位员工确保自己交付的工作符合质量要求，违法违规、不遵守操作规程是典型的工作不符合质量要求的体现。全员参与质量管理是实现全员参与安全管理的主要抓手，也就是通过将安全融入日常的质量管理过程，实现全员参与安全管理。

二、安全融入风险管理

风险管理的目的是趋利避害，确保做成自己期望的事。每个人随时随地随事都在开展风险管理，采取趋利避害的措施是人的本能。企业应该通过开展全面风险管理，动员全员践行风险管理，特别是明确和维护管控风险的措施（屏障）有效，将风险管控到自己和企业能接受的程度。风险管理也是实现全员参与安全管理的核心抓手，将安全融入全面风险管理过程。

三、安全融入资产完整性管理

资产完整性管理（asset integrity management，AIM）是用整体优化的方式管理资产的整个生命周期，以实现资产的可靠性、安全性、经济性的要求并可持续发展。许多重大事故都是由于设备、设施等资产失效造成的，通过资产完整性管理确保资产的可靠性和安全性是实现本质安全的基础，是预防事故的关键。壳牌石油公司的资产完整性管理包括四方面：设计完整性、操作完整性、维护保养完整性和领导完整性。设计完整性其实就是前文讲的设计管理，确保设计合法合规，通过设计手段管控风险。操作完整性就是在日常的设备操作过程，一定要遵守操作规程，不违规操作，不带病作业。维护保养完整性就是根据系统的维修保养计划，将设备和设施维护保养到期望的工作状态，及时消除任何带病作业。领导完整性就是领导重视资产完整性管理，只有领导重视资产完整性管理，才能带领全企业重视设计完整性、操作完整性、维护保养完整性的管理，才能实现所有的资产处于良好的工作状态。通过资产完整性管理将安全融入设计、操作、维修保养等过程，将安全责任落实到设计人员、操作人员、维修保养人员、管理人员等具体的人员岗位。

四、安全融入合规管理

合法合规经营是企业生存的底线，如果不遵守法律法规，企业就会失去生产许可证，也就是企业无法开展生产运营。企业的合法合规经营关键在于企业管理人员的决策要遵守法律法规。由于企业领导的示范作用，企业的员工也就会遵守法律法规和企业的各项管理制度。当前我们国家发生的重特大事故都是由于没有遵守最基本的国家法律法规，也就是企业在日常运营过程没有守住法律法规底线，地方政府监管部门也没有守住法律法规底线。践行底线思维，将国家法律法规当作红线是我们预防事故的基础。合规管理与每个人有关，合规管理是企业遵守法律法规，员工遵守法律法规和企业的各项管理制度，也是实现全员参与企业管理和安全管理的重要抓手。

五、安全融入目标管理

目标管理是以目标为导向，在领导和员工的积极参与下，自上而下地确定工作目标，并在工作中实行"自我控制"，自下而上地保证目标实现的一种管理办法。如果一个领域没有目标，这个领域的工作必然被忽视。企业一般都制定愿景、战略目标、中期目标、短期目标、年度目标、项目目标等。在制定这些目标时一定要包括安全目标或体现要实现安全的要素。当前每个企业每年都逐级签订安全生产责任状，但大部分企业签订的安全目标主要是事后指标，缺乏事前指标，或者事前指标的比重太低，或者安全目标太笼统，或者多个部门的安全目标都一样，没有操作性。许多企业签发的安全目标是 0 事故，0 事故是愿景，是企业长期追求的安全愿景目标。企业应该将愿景分解成年度安全目标、阶段性安全目标，分阶段实现，具体到能细化和考核。许多企业的管理人员和员工没有搞清楚愿景的意义，将愿景当作年度或阶段性目标，不相信愿景目标是可以实现的。许多企业签发了安全目标，但是没有根据目标制订详细的工作计划，也就是说没有明确的工作计划支持目标的实现，也就没法对目标或工作计划进行考核。企业要确保在任何的业务工作目标中包括或体现安全的目标，并向全员解释清楚安全愿景目标与阶段性安全目标的关系，同时合理设置事前指标和事后指标，根据事前指标制订详细的工作计划，并对工作计划和目标的达成进行相应的考核。

六、安全融入能力培养

人是企业实现战略目标的关键。企业应系统地提高全员的综合能力，一定要确保员工具有的能力与开展的工作和承担的责任相匹配。企业应该分层次地提高全员的综合能力，一般按照以下四类有针对性地提高人员的能力。第一类人是企业的管理人员，这类人员要具备企业家的综合能力，系统地管理企业，提升企业的综合能力，有效管控企业的各种风险，预防事故。第二类人是中层直线管理人员，这类人员既能组织生产，又非常明确生产过程的风险，且有意识、经验和能力管控生产中的风险，从根本上预防事故。第三类人员是一线操作人员，一线操作人员要熟悉生产过程，了解生产过程的风险，敬畏生产过程的风险，并熟悉管控风险的各道屏障，严格遵守操作规程确保屏障有效。第四类人员是安全专职人员，这类人员要熟悉生产过程的风险，并有勇气影响各级直线管理人员和操作人员维护屏障有效。有专家呼吁社会培育真正的企业家队伍，真正的企业家能系统地提升企业的综合管理，同时有效管控企业的各种风险，从而预防事故。通过能力培养将安全融入人力资源专职人员和直线管理人员，大家都承担培养和提高员工能力的责任。

七、安全融入责任管理

许多企业没有明确的属地责任，没有明确的直线责任，这就会造成无法履职。企业需要明确各部门的职责、各岗位的职责，明确直线和属地责任，在明确这些责任的基础上，再明确为自己所负责工作的安全承担责任，这才能使大家责任明确，各司其职，才能履职。一定有人员或岗位对任何经营承担责任，所以能通过责任将安全融入生产经营全过程，实现全员参与安全管理。

"党政同责、一岗双责"，是指各级党委、政府对安全生产工作都负有领导责任，党政领导在履行岗位业务职责的同时，按照"谁主管、谁负责""管行业必须管安全、管业务必须管安全、管生产经营必须管安全"和"分级负责、属地为主"的原则，履行相应的安全生产工作职责。"谁主管、谁负责"就是将安全融入地方政府的不同监管单位，在做业务监管的时候融入安全，落实安全要求，这才能落实"谁主管、谁负责"，才能起到政府的监管作用。

八、安全融入企业文化重塑

许多负责企业文化重塑的部门和人员认为自己与企业的安全没多大关系，平时非常消极被动地应付安全工作。其实党建、企业管理部等协调企业文化重塑的部门很重要，因为企业文化形成的做事方式，直接影响全员的做事方式，也就是影响安全绩效。如果一个企业经常发生事故，那说明该企业的企业文化重塑是失败的，良好的企业文化重塑的一个成果应该是事故得到预防或减少。同时，企业文化重塑的过程包括安全文化重塑，在开展企业文化重塑的过程中就要主动地强化安全文化方面的元素。通过企业文化重塑将安全融入协调企业或负责企业文化重塑人员的日常工作。

九、安全融入设计管理

任何项目开始之前的关键是识别出风险，如果通过设计并配合管理能将这些风险管控到最低合理可行的状态，那这个项目就可能被批准。理论上讲，所有的被批准的项目都应该通过设计将风险管控到最低合理可行的状态。有专家用"要想优良，必先优生"这8个字解释企业规划、设计、设备选型、工艺选择等前期工作的重要性，如果前期设计有问题，就为后面的生产埋下事故的种子。企业一定要重视设计，严格按照法律法规进行设计，并在施工过程严格遵守设计，如果需要变动，必须遵守变更管理程序。企业可以通过明确设计责任，设计时严格遵守标准，提高设计人员能力，强化设计审查以确保设计的合理性和质量。企业必须严格按照设计要求施工，必须严格按照设计要求进行采购，监理人员应严格履行执行设计的责任等手段强化设计管理，落实设计公司和设计人员将安全融入设计的全过程。

十、安全融入财务管理

财务人员统筹企业的整体预算管理，使企业有足够的资金管理日常业务。财务人员一定要确保综合协调，既要让企业有盈利，又要让企业做好资产完整性、能力培养等管理工作，支持企业将风险管控到最低合理可行的状态，还要支持企业可持续发展。部分企业只顾完成当前的利润目标，向股东分红或向上级部门交利润，但不考虑资产完整性管理，无法做到资产的可靠性、安全性和经济性，结果不但资产的寿命短，还会造成大事故，这其实是最大的浪费。财务人员既要参考资产完整性管理部门的专业意见，自己也要站在企业可持续发展的基础上做出合理的预算决策。财务人员通过为企业提供足够的资金预算将安全融入生产经营全过程。

十一、安全融入采购管理

采购是指企业在一定的条件下，从供应市场获取产品或服务作为企业资源，以保证企业生产及经营活动正常开展的一项企业经营活动。采购流程包括收集信息、询价、比价、议价、评估、索样、决定、订购、协调与沟通、催交、进货验收、整理付款。采购人员在采购流程执行的过程中要确保所采购的产品和服务一定要满足企业的要求，确保采购的产品和服务满足采购申请或合同规定的质量。采购非标产品或服务、按照最低价采购最差的产品或服务、采购的产品和服务不能按时交付等都可能是事故隐患。企业应通过细化采购流程、明确采购标准和采购人员的责任将安全融入采购过程。

十二、安全融入销售/市场开发管理

许多销售人员和市场开发人员认为安全与自己无关，其实销售和市场人员是企业的名片，客户首先从这些名片认识企业。如果客户特别重视安全，客户会从销售和市场人员的言行及准备的材料判断企业是否重视安全，如果被客户认可，安全就成为企业开发市场的敲门砖，如果未被客户认可，企业就可能失去一次机会。如果客户不重视安全，销售和市场人员的言行及准备的材料就可能影响客户，这能促使客户重视安全，能为企业争取服务机会。销售和市场人员处处体现安全行为有利于企业开发市场和获得服务机会。

如何支持企业实现将安全融入生产经营全过程？首先，在"卓越安全领导力"培训期间，通过案例分析让客户的管理人员认识到安全绩效是企业综合管理的结果。其次，通过安全生产责任的梳理，明确全员的岗位安全生产责任，也就是将安全责任融入每个岗位。第三，明确提出安全单靠安全专职人员，永远不会实现预防事故的目标。第四，通过强化全员参与的八大抓手，提高企业的全面管理水平，自然地预防事故。全员参与的八大抓手如下。质量：任何人交付工作的质量都应符合标准；企业文化：任何人在行为上体现企业共享的价值观，也就是企业文化规范地共享的做事方式；合规：规章制度是红线，每个人做事都要坚守红线；风险：将本能的风险管控思维移植到工作，全面管控风险；责任：承担企业赋予的责任，用具体行动履行责任；5S：任何时候体现良好的5S，建立舒适整洁的工作生活环境；能力：激活自我，提高自己和他人的能力；目标：做任何事情都要有安全目标，并实现目标。

将安全融入生产经营全过程，也就实现了全员参与安全管理。企业全面提高自身综合管理水平，也就是提高生产经营的每个环节，企业综合水平提高了，事故就能自然预防。

第八章

岗位胜任力是安全工作的基础

行动必须与执行者的能力相匹配。

——彼得·德鲁克《卓有成效的管理者》

痛点： 员工都持有国家或上级公司要求的资质证书，但还是发生事故。员工参加了多次培训，但是培训之后，员工的行为或工作现场没有发生改变，或者没有发生可持续性的改变。管理人员和员工好像在玩猫抓老鼠的游戏，员工没有主动地开展安全工作。许多管理人员一直想做好安全，但是一直没有实现预防事故的目标；经常处理违规行为，但是从来没有杜绝过违规行为或不安全行为。

第一节　人员能力模型

岗位胜任力是指在特定企业环境中员工承担特定岗位工作所需具备的知识、技能、态度和做事方式，具备岗位胜任力的员工可实现人岗匹配，并能安全完成满足质量要求的工作。知识、技能、态度和做事方式等形成了人员能力模型（能力框架）。许多企业根据人员能力模型再细化每个岗位的能力要素，确保每个特定岗位都有明确的能力要素。知识：人们所拥有的特定领域的信息、概念、方法、原理等。技能：运用知识和经验执行一定活动，完成特定任务的能力。通过反复练习达到迅速、精确、运用自如的技能称作熟练技能，也称作技巧。态度：人们对事物的评价和行为倾向。做事方式：这里的做事方式是指在企业内部大家共享的做事方法，也就是受特定企业文化的影响而采取大家认同的做事习惯。

建立人员能力模型（能力框架）后，可以系统地开展以下工作。能力评估：根据岗位能力模型的要求，评估现有岗位员工的能力情况，明确差距。工作安排：根据岗位具体需求和员工能力水平的评估结果，有针对性地对员工的工作进行合理安排，确定员工继续在当前岗位工作、更换工作或采取其他措施，以保证员工和岗位的最佳匹配。能力培养：根据能力评估的结果和员工要匹配的岗位，采取针对性的措施以提高员工的能力，比如轮岗、参加特定培训等。绩效管理：定期对员工在工作过程中表现出来的能力和交付的成果进行评估和考核，并及时对员工进行反馈，帮助员工提高工作能力和绩效水平。根据对员工的评估和考核结果来确定员工的薪酬水平，以激励员工提高自身的能力。

安东石油公司能力素质模型：安东石油公司员工基本素质包括文化认同、健康、自我管理、基本知识技能四个方面。安东石油公司要求每一位员工必须全面达到四项基本素质要求。

一、文化认同

认同、接受公司文化并对践行和推广公司文化做出承诺，理解和接受与员工相关的各类管理制度和管理要求；了解石油行业及其工作环境特点，服从公司对工作的安排。

二、健康

具备良好的身体素质，符合油田现场作业环境要求，能够适应艰苦环境，保持良好的生活习惯，坚持锻炼，无不良嗜好；具备良好的心理承受能力，能够在快节奏的工作环境下，保持良好业绩。

三、自我管理

具备良好的自我认知和定位能力；具有良好的时间管理和高效的工作习惯，坚持应用公司效率手册和其他日常管理工具，合理安排各项工作；能够坚持制订工作计划并及时进行阶段性工作总结，保证各项工作有序进行和高质量完成；认同和遵守公司 QHSE 行为规范，保持良好的 QHSE 行为习惯；严格遵守公司各项制度，自觉、主动履行各项责任。

四、基本知识技能

具备一定的文化知识水平，具备满足基本工作要求的语言表达与沟通能力，具备满足工作要求的信息化技能和一定的行业知识与专业技能。

第二节　能力培养的基础

员工能力培养的目的是激活员工，赋予员工能量。员工被激活的体现是员工主动工作和独立思考，并能按照标准交付高质量的工作。如果按照主动、独立思考和交付三个维度去衡量管理人员和员工，显然许多员工没有被激活，或者没有被完全激活。员工被激活之后，会提高解决问题的能力，也就是交付工作的能力。交付工作的能力包括软能力和硬能力，软能力是沟通、协调、影响、推动、领导等方面的能力；硬能力是岗位技能，比如驾驶车辆的能力、操作设备的能力、设计的能力等。相对来讲，硬能力比软能力容易培养，通过几天的培训，员工就可以操作一台设备，而要提高员工的软能力，却需要长期的训练。

一、职业规划

职业规划是对个人职业生涯乃至人生进行持续、系统策划的过程，包括职业定位、目标设定和通道设计三个要素。职业规划严重影响一个人的整个生命历程，近十几年毕业的大学生在学校都做过自己的职业规划。实际上，部分企业没有系统地为员工进行职业规划，许多在大学做过职业规划的员工早将职业规划练习扔在脑后。许多员工没有自我职业定位，没有明确的发展目标，没有具体的实现路径，只是在日常工作的牵引下过着得过且过的生活。如果有明确的职业规划和清晰的员工上升通道，员工就会充满激情地努力去实现目标，这对员工个人和企业都有好处。笔者多年以前加入壳牌石油公司的时候，壳牌石油公司系统明确规定主管必须在 60 天内为员工完成个人发展计划（IDP），也就是帮助该员工制订职业规划。当时我的主管很认真地和我探讨过几次，明确了我的优点、缺点、发展潜力，并制订了阶段性的发展计划，这是我第一次知道 3 年后自己可能在壳牌石油公司达到什么级别，退休时能达到什么级别，确定了发展方向，也知道平时如何提高自己的综合能力。企业应该完善员工职业发展规划机制，系统地支持员工有目的、有计划地发展。

二、谁承担员工能力培养责任

有人说由人力资源经理承担企业员工能力的培养责任，有人说由员工的主管承担员工的能力培养责任，还有人说由员工的师傅或员工的导师承担员工的能力培养责任。我们认为，在人力资源经理和员工主管的支持和指导下，应由员工承担自己的能力培养责任。员工首先要有自我培养、自我提高的意识，这是员工的内驱力，有了内驱力，员工才能主动学习和持续提高自己的综合能力。人力资源经理和员工主管是员工能力培养的外驱力，这个外驱力能为员工提供合适的方法、资源、系统支持、平台和监督，因此外驱力也非常重要。当然有的企业明文规定，只有主管培养了合适的接替自己职位的人，才能晋升，即使有这种明文规定，也还是要靠员工提高自己的综合能力。企业应该引导员工挖掘培养自我能力的内驱力，支持员工提高自己的综合能力。

三、"七二一"能力培养法则

当前国内外比较统一的提高人员综合能力的方式是"七二一"能力培养法则，即70%靠在工作中的具体实践，比如实习、岗位培训、师傅带徒弟、手指口述等；20%靠其他方式，比如模仿、读书、参加短期的项目、外出学习等；10%靠在教室的学习，也就是培训。图8-1为"七二一"能力培养法则。迈克尔·桑德尔说："学习的本质，不在于记住哪些知识，而在于它触发了你的思考。"思考之后就要实践，就要使用，就要解决具体的问题，就要让自己的行为或企业的现状发生变化。企业需要参考"七二一"能力培养法则，将多种方式方法有机结合，特别是将工作中的实践当作提高人员综合能力的主要方法，在现场既将问题解决了，又在解决问题的过程中提高了人员的综合能力。

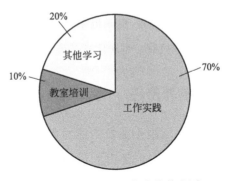

图 8-1 "七二一"能力培养法则

第三节 激活员工

管理者制定流程和制度，紧盯着员工，员工只需按部就班地执行上头的决定，这种管理方式使员工无需承担责任，也无需做决定。然而，单纯地靠流程制度管理员工，这种模式实际上将员工当作机器，只雇用了员工的双手，没有得到一个完整的人，员工无法施展自己的创造力，员工也无法发挥自己的主动性。韦尔奇担任 GE（通用电气）董事长后也面临着同样的问题。GE 有一套公司指南，每位经理都配备了这厚厚的五大册指南。这套由包括彼得·德鲁克在内的美国最优秀的企业思想家撰写而成的指南，确实有一定的参考和借鉴价值。对于 GE 的经理人员而言，书中的要旨明白无误，他们不必思考，只要遵照执行即可。韦尔奇上台后废弃了这些管理指南，他毫不含糊地给经理们下达指示：你拥有企业，要对企业负起责任，不要依赖公司总部，不要只靠书本，要与官僚作风做斗争，要讨厌官僚作风，踢开官僚作风，治理官僚作风。

韦尔奇倡导群策群力活动，在活动中，所有部门的员工与其上司聚在一起召开"全体员工大会"，大家提出问题或改进的建议，80％的问题和建议必须在当时当场得到一定的答复。正如 GE 飞机发动机厂的一位电工对《财富》杂志所说的："20 年来别人一直要求你闭上嘴巴，这时有人让你毫无顾虑地大胆说话，你一定会畅所欲言的。"群策群力活动激励全体员工大胆说话，员工的意见被认真对待，提出好建议的员工与坚决贯彻执行建议的员工得到奖励。这是一场真正的激活员工的革命。

一、自驱力

"自驱力"比"自动自发"更具有力量。在"自驱力"驱动下工作的员工，能自己让自己跑起来，他们对待工作是百分之百投入，对工作有一种非做不可的使命感。

一般的团队与有自驱力的团队有什么区别？用火车与动车比喻：一般的团队像火车组，由火车头牵引全组一起动起来；而动车组则是不同的，动车组的每一节车厢都是独立的，每一组都有驱动的动力，跑起来速度惊人。这也是有自驱力的团队的特征，团队的每一位成员都能自我驱动、自我约束、自我拼搏，从而完成团队的任务。

《自驱力》的作者凯普是西点军校毕业的陆军指挥官和职业培训专家，凯普在书中描述了"自驱力"的伟大力量，并认为驱动企业进步的真正动力来自员工的"自驱力"。凯普把世界上的人分为三种：

（1）一种人每天工作得很辛苦，但却不知为何工作，得过且过；

（2）一种人认为工作就是为了谋生，活得很痛苦；

（3）一种人则享受工作，认为工作是他生命成长的契机、机遇，会激发他所有的毅力、坚韧力和高贵品格，因而全力以赴。

通过这三种人的比较，凯普很清晰地阐明了自己的观点，简单来讲也就是：

（1）为老板或为企业工作，更为自己工作；

（2）工作态度决定一切；

（3）把平凡的事做得不平凡；

（4）让自己跑起来；

（5）工作是良心问题。

世界上没有卑微的工作，只有卑微的心态。拥有自驱力的人，就是有着强大内心动力的人。他们对工作有一种非做不可的使命感，并愿意为之奉献一切，不计任何报酬。有自驱力的人就是追求卓越的人、为了实现目标自己让自己跑起来的人。企业发展的动力是什么？知识、技能、管理、制度等，只是"冰山"的水上部分；而员工的态度、个性、内驱力以及由此释放的工作能量，才是"冰山"的水下部分，是企业发展的最大驱动力。

二、赋能

研究表明，在企业内员工的 72% 的绩效由自己的主管（领导）决定。如果主管善于沟通、善于激励，员工的创造性和主动性将得到充分发挥，员工将创造无限的价值。相反，如果领导过多地责备和控制员工，员工则会完全失去方向、信心和动力，只能应付交差。我们在安全管理过程中看到，许多企业一味地奉行以罚代管的做法，主管经常责备员工，总想控制员工，结果将员工推向对立面，当然做不好安全工作。领导应改变思路，多激励，多支持，赏多于罚是实现全员参与的基础。

谷歌创始人拉里·佩奇说，未来企业中最重要的功能不再是管理，而是赋能。赋能就是赋予能力或能量，即通过言行、态度、环境的改变给予正能量，以最大限度地发挥个人才智和潜能。从心理学角度讲，赋能体现了企业对员工的尊重，反过来尊重是企业赋能的基础。

企业内的自我赋能是员工个体的自我驱动、自我激励、自我升华；而赋能于员工就是企业自上而下赋予员工锐意进取的动能、自主决策的权利、心情愉悦的氛围等，以充分发挥员工的个人才智和潜能。从能量角度出发，企业赋能就是充分满足员工的个性诉求、自我实现等需求，员工获取了能量，就能在企业运作过程中将能量转化成企业价值，也即企业的产出。

如何赋能员工呢？应该从以下几方面出发。

1. 信任

相信自己的员工，并让员工知道领导对自己的信任，懂得赋能的领导管理下属时，不是去控制下属，而是给下属一种积极的回馈，从而打开自我驱动的开关，让下属的内心迅速进入那种感觉自己真的很棒的状态。上级和下属的接触是积极、正面的，那么个人的表现、生产效率和产出都将达到极高水平。

2. 主人翁精神

懂得赋能的领导能让下属具有主人翁精神，让下属主动承担责任。比如说对员工的职业发展表现出积极的兴趣，有意识地让员工参与讨论与决策，企业发生的事情让员工知情，启发员工自己寻找答案等，这些都是赋予下属主人翁感的办法。

3. 共同的使命

懂得赋能的领导会通过共同的使命赋能，让大家为了使命而奋斗。只有建立了这种共同的使命，企业的员工才会努力学习以及发挥个人的积极性。并且，这种共同使命的建立不应是基于压力的，而是员工发自内心的愿望。

4. 共同的愿景

懂得赋能的领导会建立共同的愿景，带领大家为实现愿景目标而奋斗。共同的愿景是企业团队精神建设的导航器，有了共同的愿景才能让团队成员知道应干什么，才能让团队成员同心同德，为达到共同的目标而齐心努力。

5. 自主决策

授权和信任员工，使员工根据具体情况自主做出决定，使员工自己在决策过程体验掌控感、自由感、愉悦感、存在感和成就感。

提高自主决策能力的方法如下：

（1）拒绝完美主义。想把事情做到最好的人要求每个决定都是最完美的。与其相反，做事只求达标就行的人，只要找到行得通的办法就会终结决策程序。前者更容易后悔，更容易对已做出的决定感到悲伤和懊悔。

（2）不要再依赖请求别人给你提意见。即使是参考或者模仿别人的做法，也要有自己的创意，创造出新的做法。

（3）不必为过错道歉。既然尽了最大努力，就没有必要自责去否定自己努力的价值。

（4）容忍别人犯错。我们很容易把成功归功于内部因素，把失败归咎于外部因素。当你宽容对待这个世界时，这个世界同样也会宽容对待你。

（5）自我检查。决策制定出来之后，它是静态的，而外部环境是发展变化的，所以管理者必须对企业决策进行不停的检查，及时调整或修改，这样才能保证决策得以顺利实施。

三、正向激励

管理的目的是激发人们的动力，使人们有工作激情，让人们在工作中找到自信，找到自我，让人们爱上自己的工作，并在工作中发挥出自己的优势，为企业做出贡献。正向激励包括对激励对象的肯定、赞扬、尊重、授权、奖赏和信任等积极的反馈，正向激励可以给人以激情、动力、自信和梦想。负向激励包括对激励对象的否定、约束、冷落、责备、批评和惩罚等消极的反馈，负向激励能够令人冷静、使人警醒，但是也可以让人失去信心，更加消极地对待工作。

　　现实中，部分企业的管理人员多用负向激励，责备下属比较多，而不善于用正向激励，结果团队的执行文化一直建立不起来，战斗力也不强。其实领导应当协调使用正向激励和负向激励，且正向激励要多于负向激励，打造正向的氛围，也就是赏罚分明，赏多于罚。我们在为多个企业提供安全管理咨询的过程中发现，许多企业采用以罚代管的方式开展安全管理，结果整个团队很消极，大家没有从内心接受安全，没有发自内心地去遵守规章制度，而是玩猫抓老鼠的游戏。任正非说："干部的责任是以平和的心态去面对并一起解决问题，工作中既要抓效率，坚持原则，又要学会相互欣赏和支持，学会体谅和感激，共同创造一个和谐的、有战斗力的管理团队，我们就能克服一切困难。能创造价值的员工往往具有较强的独立思考能力，有较强的自信与自尊，主管要尊重他们的思考，信任他们的能力，要平等沟通、探讨工作上的不同意见。"企业应该培养各级管理人员，使其学会正向肯定和赞美员工，激励员工高效工作。

第四节　软能力培养

　　在日常工作过程中，许多问题得不到解决，不是因为缺乏专业知识，也不是因为缺乏文凭，而是因为缺乏解决问题的软能力，例如沟通能力、谈判能力、计划能力、协调能力、影响能力等。壳牌石油公司开发了多门软能力方面的网上公开课，为系统地支持员工提高解决问题的软能力创造了良好的条件。

一、项目管理的能力

项目管理就是为了实现确定的目标，在有限的时间和成本及范围限制下，用系统管理的方法完成一项特定任务的过程。项目需关注九个方面的内容和五个发展阶段。九个方面：项目范围、项目时间（进度）、项目成本、项目质量、项目人力资源、项目沟通、项目风险、项目采购、项目干系人，如图 8-2 所示。五个发展阶段：项目启动、规划、执行、监控和收尾阶段。如果企业全员具有项目管理的思维和能力，每个项目都从九个方面、五个阶段去策划、去实施，企业就能安全地完成每个项目，也就能预防事故。项目管理的五个阶段很重要，一些项目没有足够的前期策划，结果仓促上马，有时候甚至是违法违规地上马，最后引发了事故。九个方面如果有一个方面做不好就有可能导致风险管控失效，造成事故，例如：质量不达标会造成事故，盲目地赶进度会造成事故，无限制地控制成本会造成事故，沟通不畅会造成事故，项目管理人员能力不足会造成事故，项目范围不明确会造成事故，为了满足干系人的无理要求会造成事故，采购不合规的产品会造成事故，风险管控措施失效会造成事故。企业应该培养员工的项目管理能力，使员工系统、专业地开展项目管理，确保交付高质量的、

图 8-2　项目管理的九个方面

无事故的项目。

我们每个人随时都在进行或者参与大小不等、时间长短不同的项目管理。其实高中生已经有了多年项目管理的经验。高中生设定的目标就是考上自己希望的大学，为了提高效率和成绩，高中生必须明确学习范围。高中生做好了时间管理，每天几点起床、中午几点午休，晚上几点休息，每天必须完成哪些学习计划或复习任务，都非常明确，有的人养成了多年的时间管理习惯。高中生重视质量，做对了题、考了高分其实是做好了质量的体现。高中生也一直进行风险管理，坚持锻炼、注重营养，确保身体健康，外出游玩不发生意外都是风险管理的体现。高中生也进行成本管理，根据自己的实际情况，选择参加不同类型的补习班，购买不同类型的参考书等。高中生也在管理干系人，同学和家人、老师、朋友等保持良好的沟通，处理好关系，确保得到大家最好的支持和鼓励，实现自己上大学的目标。

每年春节期间，我国有几亿人流动迁徙，其实大家从工作地到与家人团聚的地方一起过春节，就是做了一次项目管理。假设王女士从 A 城市到 B 城市与家人团聚过春节，看看王女士是如何开展项目管理的。王女士首先需要和自己的家人商量在什么地方过春节，需要向领导请假，这是策划和管理干系人的体现。王女士需要确定交通方式和采购年货，同时做好预算，这是成本管理的体现。王女士需要注意出行期间个人和家人的安全，这是风险管理的体现。王女士需要计划什么时候出发，什么时候返回，这是时间管理的体现。确保所买各种票的准确性，这是质量管理的体现。其实我们每个人都懂项目管理的要素，关键是如何在工作过程中实践。

二、向上管理的能力

对于向上管理，许多基层管理人员和员工觉得不可能，因为我国企业一直是领导或主管管理下级，下级哪敢管理上级，怎么能管理上级呢？许多基层管理人员和员工在领导或主管面前缺乏独立思维，只有盲目地接受，严重地影响了工作效率和成果，也可能造成事故。众所周知，管理需要资源，而资源的分配权在谁手上呢？很显然在上司手上。当你需要进行管理的时候，必须要做的就是获得资源，这就需要对上司进行管理。所谓向上管理就是"为了给你、你的上司和公司取得最好成绩而有意识地配合你的上司一起工作的过程"。由定义可见，向上管理的核心是建立并培养良好的工作关系。

向上管理有很多技巧，例如：如何与上司形成默契，如何化解矛盾，如何建立信任，如何成为上司的"关键下属"，如何获得上司的支持与授权。在向上管理上，彼得·德鲁克认为：有效的管理者了解他的上司也是普通人，肯定有其长处和短处。如果能让领导发挥长处，同时补足领导工作中的短板，就能成功做到向上管理。不能只是唯命是从，应该从事实入手，做正确的事，并以领导能够接受的方式向其提出建议。

许多企业的安全专职管理人员经常抱怨领导不重视安全管理，自己却不敢向上管理，不敢影响领导，不敢从领导那里争取资源，不敢从领导那里得到"尚方宝剑"，当然自己也就无法有效地推动安全管理工作。安全专职管理人员要向上管理，要有能力从领导那里得到资源和"尚方宝剑"。企业应该大力鼓励和培养员工向上管理，这既对员工个人和上司有利，也对企业有益。

三、领导他人的能力

领导他人的能力即领导力。领导力是组织资源、影响他人、实现任务的能力，一般包括快速反应、号召他人，做出决定及贯彻到底的执行力。管理人员必须在用人方面体现卓越领导力。就像杰克·韦尔奇对管理人员的分类：第一类，既认同公司价值观又有业绩，给他们升职；第二类，既不认同公司价值观又没有业绩，辞退；第三类，认同企业价值观，但还没有业绩的，再给他们一次机会；第四类，不认同公司价值观，但却有业绩的，这类人绝对不可以出现在管理层，这样的人会吸干组织的活力。在学校、企业、机关以及其他任何地方，都有自私的人，这些人可能业绩非常好，但却以牺牲他人为代价取得好业绩，自己永远排在第一位，总是媚上欺下。我们一定要把他们找到，因为他们是每个机构中的毒瘤，要对他们零容忍，企业必须把他们彻底清除。失去最优秀的前 20％的人是领导的失败，领导一定要热爱自己得力的手下，并给他们物质上的奖励，营造激励人心的工作氛围。

四、重塑文化的能力

一个领导到了新的岗位，如果原有的工作氛围不佳，则要尽快改变工作氛围，也就是重塑部门文化或企业文化，只有这个团队文化改变了，也就是大家的做事方式或做事习惯改变了，才能体现出新领导带来的变化，才能体现出团队的变化和成果。任正非说：企业领导者最重要的事情就是创造和管理文化，领导者最重要的才能就是影响文化的能力。人是受动机驱使的，如果完全利用这个动机去驱使他人，就会把人变得斤斤计较，相互之间没有团结协作，没有追求了。文化的作用就是在物质利益的基础上，使人去追求更高层次的需要，追求自我实现的需要，把他的潜能充分调动起来，而在这种追求过程中，与人合作，赢得别人的尊重、别人的承认，这些需求就构成了整个团队运作的基础。

能不能改变一个企业的文化，能不能改变部门文化或团队的文化？答案是肯定的。有人问拉姆·查兰：如果一个企业整体上没有建立执行文化，你能在自己的部门或属地建立执行文化吗？如果能的话，你岂不成了公司的异类？拉姆·查兰回答道：只要你能切实地实现利润和收入的增长，那你所建立的文化就必然影响到企业的其他部门，你所建立的执行文化也就成为大家效仿的对象，而非竭力排挤的异类。新的领导到了新的部门或公司，其实所实现的战略目标及取得各种成果是重塑部门文化或企业文化的结果。

企业安全文化的作用至少有以下几条：

1. 企业安全文化具有对安全生产的导向作用

企业安全生产决策是在一定的观念指导和文化氛围下进行的。决策不仅取决于企业领导及领导层的观念和作风，而且还取决于整个企业的精神面貌和文化氛围。积极向上的企业安全文化可为企业安全生产决策提供正确的指导思想和健康的文化氛围。

2. 企业安全文化具有对安全生产的激励作用

积极向上的思想观念和行为准则，可以形成强烈的使命感和持久的驱动力。心理学研究表明，人们越能深刻认识行为的意义，就越能产生行为的推动力。积极向上的企业安全生产文化就是员工自我激励的工具。

3. 企业安全文化具有对安全生产工作的凝聚、协调和控制作用

组织的凝聚力、协调和控制能力可以通过制度、纪律等产生。但制度、纪律不可能面面俱到，而且难以适应复杂多变的情况。而积极向上的企业安全文化是一种内部黏结剂，可以使员工自觉地行动，达到提高企业凝聚力，加强自我控制和自我协调的目标。

第五节　硬能力培养

硬能力就是岗位技能，可通过岗位技能训练、岗位练兵等提高员工的岗位硬能力。

一、岗位资质

获得国家规定的岗位资质证书是硬能力培养的第一步，企业首先研究

国家的法律法规，明确企业有哪些岗位必须参加国家指定的培训，并要求员工取得相应的岗位资质证书。例如，电工、焊工、起重工、锅炉工、压力容器操作工、爆破工、矿山通风工、矿山排水工等需要取得特种作业资质证书。

二、岗位技能培训

岗位技能就是本岗位需要的最基本的技巧和能力。一般情况下，企业会识别出每个岗位的基本技能，构建员工能力模型，并在能力培训矩阵中明确各种培训，例如，设备操作、设备维修保养、原材料性能、工艺过程、软件操作、异常处理等。不同岗位的岗位技能差异很大，有的岗位员工经过几天现场培训后就可能上岗，有的岗位员工经过半年或一年的培训才能上岗，上岗开始也是做最基础的工作。员工在上岗独立工作前，都必须参加各种培训和考核，确保合格和多次练习之后才允许独立工作。岗位技能培训最有效的方法是在岗位现场的手指口述。手指口述是最简单、最有效、最实用的提高能力的方法，边培训、边模拟操作能使员工很快掌握基本的操作要领。

当前我国的国企在员工岗位技能培训方面有丰富的经验，人员具备了基本的岗位技能，这也支持和确保了安全生产。当前问题较严重的是劳动力密集型的民企，许多员工不具备最基本的岗位能力，但是已经在岗位上独立工作了。在许多化工、石油、煤矿、冶金、建筑等劳动力密集型的民企，一些操作工是刚放下锄头，就进入工厂成了产业工人。根据对这几年发生的重特大事故的分析，这些民企发生的重特大事故比较多，最后的受害者就是这些不具备基本岗位技能的"产业工人"。企业必须建立全面的岗位技能培训机制，对所有上岗人员强制培训，经过多次模拟操作，考试合格后才能上岗。只有员工具备基本的岗位技能，才能娴熟地驾驭设备、驾驭工艺、控制风险，才能进行安全生产，才能预防事故。

三、遵守操作规程

经过大数据分析，90％以上的事故是由违规造成的，也就是没有遵守操作规程。不遵守操作规程是员工工作不符合质量的体现。员工不重视工作质量，怎么能为企业的发展添瓦加砖，为企业做贡献呢？企业要将遵守操作规程当作员工最基本的硬能力培养，培育员工遵守操作规程的合规文化。鄂尔多斯电冶集团的企业精神是讲责任、讲忠诚、讲追求，有的领导就明确指出：不遵守操作规程是不讲责任的体现，不遵守操作规程是对企业不忠诚的体现，不遵守操作规程是不讲追求的体现，不遵守操作规程的员工就是不认同公司的企业精神，公司不需要这种员工。另外，企业建立对违规操作的零容忍，任何人看到任何违规都必须干预，及时干预是建立合规文化的有力武器。

四、班组建设

班组建设是硬能力提升的延伸，硬能力的战场在班组，个人能力是在班组的工作中体现的。许多企业的管理，特别是安全管理的现状是"冰火两重天"，也就是管理层特别重视，开展了多次会议、安排了多次检查、组织了多次培训等，许多管理人员甚至成了安全专家，但是一线班组或队伍却没有什么改变，还是老样子。当管理层做好高层策划，各级管理人员已经开始行动起来，这时候的关键是在现场班组或队伍检查具体的落地工作，如果不去现场班组或队伍，只是走形式，那么安全管理工作不会有效果。

许多企业开展卓越班组建设，也有的叫"五型班组建设"，即学习型、精益型、和谐型、安全型、创新型。卓越班组建设就是提高班组的综合能力，提高产量，降低成本，增加凝聚力，做好安全工作，将班组打造成标杆。笔者在安东石油公司时开展标杆队伍建设，主要从 12 个方面打造卓越的标杆队伍：人员配备标准化，设备配备标准化，设备操作标准化，设备维修保养标准化，操作流程标准化，现场目视化标准化，风险管理标准化，操作记录标准化，个人防护用品佩戴标准化，岗位胜任力标准化，管理制度标准化，6S 标准化。班组建设或标杆队伍建设既提高了队伍的战斗力，也改变了队伍的面貌，对内加强了管理，对外展现了风貌，赢得了市场。我国著名的水泥制造商——海螺水泥公司特别重视班组建设，专门出台了班组建设政策，每年对班组长开展培训。

卓越班组建设的路径：夯基础、育人才、塑文化、建模式、造现场、创标杆。五型班组建设的理念：制度为先，员工为本，文化为魂。五型班组建设的四个坚持：坚持管理标准化、坚持工作活性化、坚持文化人本化、坚持创新普遍化。

第六节 学以致用

图 8-3 为 GPMPC 学以致用模型。该模型以员工的自我提升为中心，员工在参加一项培训或学习之前要有明确的目标（goal）和要解决的具体问题（problem），然后再去参加培训或学习。在培训或学习期间要获得解决问题的方法（method），获得解决问题的方法后才实现了目标的 20%。下一步的关键是在实践中应用（practice），应用获得的方法改变现状（change），最后一定要改变了现状，才算实现了培训或学习之前制定的目标，最后两步实现了目标的 80%。学以致用就是提升自身能力，实践应用所获得的解决问题的方法，改变现状。现状改变了也就意味着自身能力提高了，反过来现状没有改变，也就意味着自身能力没有提高，可能只学到了知识，而没有将知识转换成能力。

恒×集团是一家为多个煤矿提供选煤服务的专业服务公司。2018 年恒×集团进行了 5 期安全培训，公司班组长及以上的管理人员 200 多人参加了培训。在培训开始前，培训教师明确：只有各位领导回到工作岗位学以致

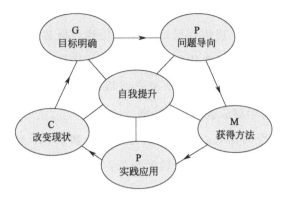

图 8-3　GPMPC 学以致用模型

用，改变了现状，提升了安全绩效，才能体现本次培训给贵公司真正带来的价值。所以我们在培训过程就践行学以致用，例如，对发言的员工给予掌声鼓励。

在"卓越安全领导力"培训期间，各位高管积极讨论，形成了企业安全价值观，各位高管培训后立即在自己的属地宣贯安全价值观，使其作为大家日常工作行为的基础。针对行业高风险作业的特点，各位高管梳理出 10 条简洁明了、容易记忆和执行的保命规则，并带头宣贯执行。中层管理人员在第二次"卓越安全领导力"培训期间做出承诺：以 5S 和主体责任落实为切入点，全力以赴地打造卓越班组，提高班组执行力。各级领导开始以身作则，鼓励员工勇于干预他人的不安全行为，对任何不合规零容忍，建立全员参与、人人干预的卓越安全文化。

下面是恒×集团总经理参加完 3 天的"卓越安全领导力"培训之后的反馈。

本次培训让我们耳目一新，培训非常有效果，我们完全可以用系统的手段解决企业的安全问题，实现零事故的目标！卓越安全解决方案的 STAMP 保证策略，让我们既有了安全管理的理论，又有了在现场落实的具体方法和抓手。双向式的沟通使我们所有的人都积极思考、参与组织讨论，大家兴趣浓厚，完全沉浸在快乐的学习中！下面是我这几天的实践：

在开会时，我改变了以往以责备为主的训导方式，并时刻保持微笑，我体验了改变的好处！

　　我成功干预了一位朋友单手扶方向盘这个不安全行为，原来干预并不像想象的那么难，对此我充满信心！

　　我开车时已不再接打电话，发现也并没有影响到什么，下车后我打电话告诉对方刚刚在开车，大家都表示理解！

　　今天傍晚在过马路时，我坚决等绿灯时再通过斑马线，而之前我几乎不看红绿灯，跟随人群一起通过路口，我对自己的改变充满信心！

　　昨天在即将进入洗煤厂的路上，正前方都被拉煤车堵塞了，我拨打了厂区的调度电话，在保证没有对向车辆开出厂区的情况下，我才驱车进入厂区，这确保了我处于安全状态，而之前我通常不会这么做！

第九章

干预就是关爱

千里之堤，毁于蚁穴。

——《韩非子·喻老》

痛点： 员工不主动干预同事的不安全行为，员工不敢干预领导的不安全行为，大家对不安全行为熟视无睹，一直无法实现建立全员参与安全管理的目标。

第一节　干预的本质是零容忍

干预就是任何人发现任何不安全行为或不安全状况都及时讲出来，提醒当事人立即整改。干预是最简单、最直接、最经济（不用花钱）的预防事故的方法。任何人都可以践行干预，干预是实现全员参与安全管理的最有效的手段之一。干预他人的不安全行为或不安全状况，是为了及时整改不安全行为或不安全状况，就是及时整改隐患，就是在维护屏障以预防事故，保证他人、自己和企业的安全。

一、破窗理论

两位犯罪学家詹姆斯·威尔逊和乔治·凯林提出"破窗理论"（Broken Window Theory）：如果有人打破了一栋房子的一扇窗玻璃，而这扇窗户没有得到及时修理，人们就可能受到纵容和暗示，去打烂更多的窗户。久而久之，这些破窗就给人造成一种无所谓的感觉，更多的人去打碎更多的窗户，在房子上乱画，房子变成了垃圾场等，最后这栋房子就完全毁了。"破窗理论"的本质是诱惑集体破坏，诱惑全员违规。当第一扇窗户的玻璃破碎时，必须立即有人站出来干预，有人立即采取维修行为，这就能预防最后失去一栋房子。否则，"破窗"就会发出信号，暗示"无人追究"，结果大家就会开始松懈，最后都去参与破坏和违章。

丘吉尔最不能容忍凌乱和无序，在第二次世界大战期间他曾下了一道命令，当一些建筑物在纳粹的轰炸下损毁时，只要是损坏不大的地区，破碎的窗玻璃必须尽快更换，绝不能任由一些本来可以修复的建筑物荒废，看起来像个废墟。丘吉尔应该认识到了，一旦凌乱和无序的气氛被纵容，国民的士气就会受到侵蚀，士气的高低可能影响战争的成败。其实丘吉尔的这道命令就是干预，干预的目的是获得战争的胜利。将干预广泛应用于安全管理就是预防事故，就是维护企业的这栋房子。

其实我们生活中经常上演"破窗效应"的事情，笔者每天早晨8点左右送女儿去幼儿园，在该幼儿园十字路口常常能观察到：送幼儿园小朋友的爷爷奶奶不遵守交通规则，带着孙子孙女闯红灯；送幼儿园小朋友的爸爸妈妈不遵守交通规则，带着儿子女儿闯红灯；送幼儿园小朋友的保姆阿姨不遵守交通规则，带着小朋友闯红灯。当然不是每位家长都不遵守交通规则，但是不遵守交通规则的家长很多。这些家长为什么不遵守交通规则？为什么要违规？家长不是在示范违规吗？家长不是在促使小朋友从小养成不守规则的习惯吗？家长不是在示范小朋友不重视安全吗？笔者认为这也是破窗效应在作祟，如果第一个闯红灯的人没有受到干预，其他人也会跟着闯红灯，然后就是大家一起闯红灯。不遵守交通规则的结果是增加了发生事故的风险，同时使小孩养成了不遵守规则的习惯。

二、零容忍

"零容忍"是破解"破窗效应"的武器，"零容忍"主张防患于未然，决不姑息任何轻微的违规行为。在安全生产管理过程中，"零容忍"就是企业对任何违规、任何不安全行为说"不"。"零容忍"实施的关键是领导者的决心和魄力。

企业最直观的"窗户"就是环境卫生，要把一个地方搞干净1天、2天并不难，但是要一个地方持续1年365天都很干净，那就只有顶尖的企业才能做到。这些事情并不难，缺的只是下定决心，持之以恒，配套机制，形成文化，定期更新。日本许多企业应用"红牌作战"的管理活动落实5S，目标是提高企业现场环境、效率和产品质量及预防事故。将不清洁的设备、办公室和车间贴上具有警示意义的"红牌"，也对不合理的工作程序或方式出示"红牌"以促其迅速改进，从而使工作场所变得整齐清洁，工作环境变得舒适幽雅，企业成员都养成做事耐心细致的好习惯。久而久之，大家都遵守规则，认真工作。"红牌作战"的方法体现的是"零容忍"的决心。

第二节　干预的价值和习惯养成

落实"零容忍"最有效的手段是干预，干预就是对任何不合规说"不"，最终的目的是实现合规，图9-1为ZIC合规模型。干预是许多世界知名企业最有效、最常用的安全管理工具之一，每一个人应对周围的任何违法违规行为立即干预。在企业安全生产过程中，对违章零容忍，所有员工都需要干预自己看到的每一个违章行为、每一个不安全行为。干预是为了他人的安全、自己的安全、企业的安全、国家的安全，干预是关爱他人和自己的体现，干预是对安全负责的态度。

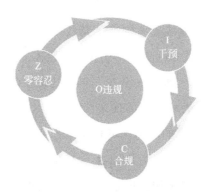

图 9-1　ZIC 合规模型

很多人碍于情面，不敢及时干预别人，更不敢干预自己的领导、长辈或权威人士。即便领导、长辈、权威人士等的行为明显违法违规，很多人还是选择了容忍，选择了视而不见，选择了得过且过。安全工作知易行难，现实工作中做好干预其实很难，有些企业的领导和员工存在"怕说错"或"怕得罪人"的心理，遇到不安全行为往往不去干预，认为只要不出事就行了。这种不敢干预的心理往往使人失去了预防事故的机会，如果勇于干预就能预防事故，让被干预者远离事故而安全回家。

许多企业领导没有意识到干预的重要性，没有意识到干预的价值，没有意识到自己作为领导应该示范干预。有的领导自己没有带头去示范干预，没有鼓励员工干预，经常按照"一言堂"的思路和员工沟通，很不情愿听到员工对自己提出的意见。干预的热情被打击，企业无法建立人人干预不安全行为的氛围，无法实现人人参与安全管理的氛围。如何让领导重视干预，如何让员工参与干预，如何培育人人干预的氛围？

一、领导示范干预

领导首先要意识到干预的重要性：干预是"零容忍"的抓手，"零容忍"是破解"破窗效应"的武器，"破窗效应"诱惑团队违规，最后造成事故。领导要下定决心对任何违规"零容忍"。为了实现"零容忍",领导应带头示范干预,鼓励员工进行干预,勇于接受任何人的干预。2017 年 12 月 27 日当时的澳大利亚总理特恩布尔乘坐充气艇出海时没有穿救生衣,违反了当地法律,不仅被罚款 250 美元,还在社交媒体上公开检讨,表示自己接受教训。当时总理表示:"水上安全在一年中的这个时候显得尤为重要。我们需要特别留心有关穿戴救生衣的规定。昨天(27 日)我驾驶充气艇从码头驶向沙滩——只有 20 米的距离,可是我没有穿救生衣。今天(28 日)新州海事局就给我打电话了,因为我独自一人驾船,却没有依照法规穿上救生衣。规则有时看起来很机械,但这是为了保证我们的安全,我们都应该遵守。这让我吸取了一个教训:以后不管我离岸边多近,我都会穿上救生衣,就像我平时驾驶皮划艇时那样。"特恩布尔有勇气在社交媒体上公开检讨自己的违规行为,并大度地接受海事局的干预和罚款,这值得其他领导学习。

笔者为某公司提供长期的安全咨询服务时,发现该公司管理层进入一线现场检查、调研、陪同客户访问时均不穿工鞋,也从来没有人干预。上层领导不遵守安全规则,下属就很难自觉去遵守。领导不穿工鞋进入现场,员工就会认为进入现场也不一定必须要穿工鞋,员工也就不穿工鞋。卓越安全项目启动会时该公司各位领导都到了现场,笔者提前与现场工作人员进行了沟通,按照人数把各种劳保用品准备齐全。领导到达现场时,笔者干预了领导不穿工鞋,并拿出了提前准备好的各种劳保用品。领导接受了干预,当着大家的面穿上了工鞋,树立了一个很好的榜样。各位领导认可笔者的干预,对笔者及时干预、努力改变现状的做法进行了表扬。

二、鼓励员工干预

很多员工由于担心被领导误解,担心被"穿小鞋",所以不敢干预领导。其实每个管理人员都具有双重身份,既是领导又是员工,这些管理人员当然也不敢干预自己的领导。有些企业特别鼓励员工干预任何的违规,注重塑造干预文化,可是部分企业很少鼓励干预,特别是下级不敢干预上级。为了消除这个障碍，管理人员要在各种场合鼓励员工进行干预，奖励干预领导的员工，让大家改变思维，改变行为，将干预当作对他人的关爱。

壳牌石油公司的一位集团副总裁到壳牌天津沥青厂检查工作时，没有走在指定的黄线内，现场的一位员工立即提醒了这位副总裁，这位副总裁将这位员工的干预当作关爱，并将自己正在用的派克笔赠送给了这位干预他的员工，这个故事在干预培训期间被广泛宣传。

笔者 2013 年加入安东石油公司担任 QHSE 管理中心总经理，发现北京总部部分同事平常不戴胸牌，当然这种现象在公司管理层同样存在。在确保自己随时佩戴胸牌和确认公司明文规定上班期间员工必须佩戴胸牌后，我在管理层晨会上问道："各位领导，我们上班时要不要佩戴胸牌？"董事长毫不犹豫地答道："必须戴！"董事长紧接着说，大家要养成佩戴胸牌的习惯。在第二天的管理层晨会上，大多数领导佩戴了胸牌，特别是董事长佩戴了胸牌，笔者看到这个变化当时特别高兴。管理层晨会结束后，笔者分别去了还未佩戴胸牌的那些高管的办公室，了解到他们可能是胸牌已丢失，正在补办，或者是一时忘记，但都在努力行动。在笔者的干预下，特别是在董事长的支持和示范下，我们以佩戴胸牌为突破口示范干预和强化合规。在随后的时间里，我以多种途径号召公司总部的各级管理人员在工作期间都佩戴胸牌，管理层已经以身作则，下属自然模仿执行，很快大家都佩戴胸牌，并触类旁通，同样遵守公司的其他管理制度并开始干预不合规行为。

要以零容忍的态度干预身边的任何违规行为，无论多么微乎其微的违规行为都应该及时干预。干预应从领导做起，领导做出接受干预的示范，是鼓励全员进行干预的最好方式，全员就有了干预的勇气，这能带动全体成员一起改变。干预违规需要勇气，得到的成果往往是巨大的，并且会使大家同样遵守公司其他规定，形成良好的遵守和干预文化。

三、遵守规则是干预的前提

一般来讲，干预他人不安全行为的人都是遵守规则、体现安全行为的人。遵守规则的人，有干预他人不安全行为的底气和勇气，也有意识到他人违规的能力。

遵守规则是确保安全的基石，规则意识不强会引发破窗效应，带给他人错误的信息，助长蔑视规则的风气，到最后规则形同虚设，发生事故就是必然的了。只有大家敬畏规则，遵守规则，干预任何违规行为，对不合规零容忍，才能真正地预防事故。

事实上，在我们生活和工作中，不遵守规则的现象比较普遍，小到闯红灯、坐车不系安全带、开车接打手机，大到违章指挥、不按要求维修保养设备。有的人对这些现象已司空见惯，有人甚至还对这些违规行为引以为豪，反而讽刺挖苦遵守规则的人。没有规矩，不成方圆，企业应明确规则，使员工严格遵守规则。

四、人人在生活中干预，不只是在工作中干预

无论在生活中还是工作时，我们都需要干预，干预就是关爱。干预是最有效的安全管理工具，每一个人对周围的任何违法违规行为都应干预，且接受他人对自己的干预。在企业安全生产活动中，应以零容忍的态度对待违章，所有员工都需要干预看到的每一个违章、不安全行为。干预是为了使每个人都遵守程序，是为了共同的安全，是一种对安全负责的态度，是一种对同事的关爱，我们应怀着这样的理念去干预和接受干预。干预需要勇气，不敢干预就意味着自己和同事将处于危险之中。

有人没有遵守交通规则闯红灯过了马路，路上的车很多，过马路之后，有位老奶奶干预他的违规，有位杂货店店主也干预他的违规。当时这个人觉得其他人小题大做，而后来他很感激干预他的人，因为他明白了干预他的人实际在帮助他、关爱他。

五、重塑干预文化

干预并不难，为了形成良好的干预文化，企业从高管到现场一线均需努力培育干预的理念和氛围。第一，要营造"我的安全我负责，他人安全

我有责"的良好安全氛围，使每个人都有"责任重于泰山"的使命意识和责任意识。第二，要有"不管是什么人，只要你说得对，我们就照你的办"的意识，因为一个人的认识和经验有限，不可能考虑得十分周密。第三，每个人要敢于干预，将干预当作关爱他人。第四，每个人要勇于接受他人的干预，将干预当作对自己和家人的关爱。第五，每个人要鼓励他人干预，将干预当作团队合作的基础，将干预者当作"吹哨人"。很多时候，当我们多一些敬畏、少一点轻视，多一些忧患、少一点安逸，多一些坚持、少一点放弃，就可以避免事故的发生。只要大家都勇于干预，大家都接受干预，大家都鼓励干预，就能形成人人干预的氛围，最终就能重塑人人干预的文化。

干预需要全员参与，企业应采取措施鼓励每一个人勇于干预他人的不安全行为，并避免员工因干预而受到惩罚、威胁等。企业应宣传干预，使员工乐意接受干预，将干预视为自己及企业提升安全绩效的途径。每一名员工都应拒绝视而不见，对任何不合规零容忍，这样才能逐渐形成干预文化。

干预是每位员工的基本义务，每个人都承担干预义务，企业就能建立一张全方位、多角度、无死角的监管网络，每位员工都是这张网络的一部分。为了改变企业的安全现状，形成干预文化，企业每一个人都需要改变自己的思维方式，进而改变行为，及时干预。企业领导应以身作则，鼓励员工勇于干预他人的不安全行为，对任何不合规零容忍，追求全员参与、人人干预的卓越安全文化。

为了形成干预文化，使干预变成一种常态，就需要刻意去培养干预的习惯，鼓起勇气干预他人的不良行为，改变自己，也影响他人。通过干预，每个人都形成了良好的行为习惯。干预本身是一种习惯，他人的不良行为也可能是一种习惯。当员工出现不良行为习惯时，旁边的每一个人都应该勇敢干预。甚至干预自己的上级，上级也应有勇气诚心接受下属对自己的干预，这种干预不是批评，而是关爱。上级更应该亲自示范这种关爱，及时干预，带动大家一起干预，从而形成干预文化。看到不良行为，其他人如果没有及时提醒与制止，这就是对不良行为的妥协，久而久之就变成了纵容。对于习惯养成来讲，我们需要的是全员参与、人人干预。干预是员工良好习惯养成的催化剂，能帮助企业形成良好的安全文化。

笔者在客户现场提供咨询服务或"卓越安全执行力"培训过程中，启迪每一个人形成干预的理念，并付诸行动，支持客户重塑干预文化。在笔者为某客户提供卓越安全咨询服务时，发现该公司的专职司机开车接打电话、单手扶方向盘，这种不安全行为已经成为他们的习惯，很显然从没有人干预过这种行为。随后，我们发现无论是公司领导还是普通职工，均存在这种开车接打电话、单手扶方向盘的不安全习惯。这种行为全员已经熟视无睹，大家并不觉得这是不安全行为，因为大家都做出了这种不安全行为。

我们对客户每一个开车过程中出现的不安全行为都进行了干预，并且告诉大家如果真需要接打手机，可以先把车安全地停靠在路边。公司领导、职工和专职司机都认可并接受了我们的建议，并且承诺会干预身边其他同事的这种不安全行为。

随后我们为客户开展培训时，很多主管在课堂上都分享了自己近期的干预经历，他们已经形成了干预不安全行为的氛围，大家不会因为他人的干预而不舒服。通过对开车接打手机、单手扶方向盘这些不安全行为进行干预，公司全体成员受到了影响，并且大家开始一起遵守其他的安全规则，勇于干预身边的违规行为。

下面是客户员工在一次培训中，现场反馈自己在课堂后的干预经历。

我干预了一位朋友单手扶方向盘这个不安全行为，原来干预并不像想象中那么难，对此我充满信心。

上班的路上，我鼓励一位同事把车停在路边后再接电话，他接受了建议，这是完全可以做到的。

在过马路时，我坚决等绿灯时再通过斑马线，并提醒通行人员，而之前我几乎都不看红绿灯，跟随人群一起通过路口，我对自己的改变充满信心。

在住酒店的时候，我特意观察到消防通道被上锁，我向酒店提出了质疑，并监督他们打开了消防通道。

第三节 安全观察与沟通

干预需要方法，没有合理正确的方法做指导的干预，可能会引起对方反感，得到相反结果。在安全管理良好的实践中，许多企业使用了行为安全管理工具，使全员参与安全管理，倡导上到领导、下到一线员工均积极观察工作场所中他人的行为、物体的状态，并及时沟通，鼓励安全行为，干预和纠正违规行为。

一、安全观察与沟通介绍

对于现场发现的不安全行为，甚至不安全状态，可结合安全观察与沟通（safety observation & communication，SOC）方法实施干预。安全观察与沟通是基于行为观察，并强调及时沟通的安全管理工具，鼓励并倡导现场全体作业人员使用 SOC，正向鼓励良好的安全行为，及时发现并纠正违规行为，以达到防止不安全行为再发生和强化安全行为的目的，并培育全员参与、人人干预的安全文化。

二、安全观察与沟通实施流程

笔者所在团队结合企业以往经验和自身实践，对安全观察与沟通实施流程进行系统梳理，总结形成的安全观察与沟通六步骤如下所示。

（1）观察——发现安全和不安全的行为；

（2）表扬——强化安全行为，营造良好的沟通氛围；

（3）讨论——平等探讨不安全行为和存在的问题；

（4）启发——引导员工思考问题的原因和寻找解决方法；

（5）承诺——取得员工的改进承诺；

（6）感谢——感谢员工的配合和辛苦工作。

观察者应首先表扬员工的安全行为，取得员工信任；然后表达自己对员工安全的担心，使用合理沟通技巧进行沟通；其次可与员工探讨现场其他方面的安全问题，以便更多了解现场安全管理状态；接着可与员工就不安全行为的改进行动达成一致，获得员工对安全行为的承诺；最后表达对员工努力工作和安全工作的感谢。

安全观察与沟通可按照计划实施，也可随机在现场实施，可以使用SOC 卡，见表 9-1，保留书面记录，也可以在临时情景下，现场口头实施。被记录的书面形式的 SOC 卡，可作为企业统计分析的对象，对下一步安全管理工作具有重要指导意义。

三、安全观察与沟通的本质

任何人都有权利和义务作为观察者对看到的不安全行为或物的不安全状态进行干预；任何人都有义务作为被观察者接受他人的安全干预，并以积极的心态进行持续改进。管理人员应鼓励现场人员本着负责的态度因安全原因拒绝工作，并抵制因拒绝在非安全状态下工作而遭受的不平等待遇或报复。

应用安全观察与沟通是事前管理，训练员工通过在工作现场对人的安全行为、不安全的行为、不安全状态进行观察与沟通，从而减少意外事件发生的概率。安全观察与沟通成功的关键离不开领导力、尊重、沟通及良好的安全文化。领导必须亲自参加，改变以往领导和员工的沟通方式。树立对每一名员工表示尊重的心态，是开展安全观察与沟通的前提。更重要的是在观察之后能够有效沟通，通过沟通强化安全行为，认识到不安全行为潜在的后果，并予以改进。沟通时应注意使用积极的、无强迫性的语言，让员工讲出自己的看法，不要先下结论。安全观察与沟通更需要全员参与，一线员工要对同级甚至上级进行干预，企业必须建立无指责文化，被观察者不用因担心被惩罚而忌讳沟通。

表 9-1 安全观察与沟通（SOC）卡

安全观察与沟通（SOC）卡	安全观察与沟通（作业现场）
观察者： 所在部门：	观察─表扬─讨论─启发─承诺─感谢
具体地点：	1. 人员的反应
被观察者：员工□ 承包商□	□停止进行中的工作或行动
外来人员□ 日期：	□改变原来的工作位置
	□开始调整个人防护用品
观察与沟通记录	□收起或更换原来使用的工具设备
发现的优点：_____	2. 个人劳保用品
_____	□头部防护（安全帽）
_____	□眼睛/面部/听力(耳塞/耳罩)/呼吸(呼吸器等)防护
_____	□手的防护（合适的手套）
_____	□坠落保护（安全带）
	□工作服/工鞋/工靴
发现的缺点：_____	□特殊防护服（绝缘、抗酸碱、耐火、抗油拒水等）
_____	3. 人员位置
_____	□站在"火线"上（碰撞、砸碾、挤压、刺烫等）
_____	□绊倒/滑倒/摔倒
_____	□高处坠落
_____	□触电
_____	□违规进入危险区域
_____	□上/下楼梯未扶扶手
_____	□工作姿势不对
	4. 程序和许可
达成的共识：_____	□员工不熟悉程序要求
_____	□未按照标准作业程序进行操作
_____	□现场无标准作业程序/不适用
_____	□无作业许可
_____	□未遵守作业许可管理要求
	□人员未持证上岗
其他：_____	□隔离/锁定/挂牌制度未执行或执行不到位
_____	5. 工具、设备和仪器仪表
_____	□使用不适合的工具
_____	□未正确使用
_____	□存在缺陷或运行/参数异常
	□安全附件、联锁报警装置缺失/失效/不适用
	□未按照规定维护/保养/检测/检查/标定
	□未经批准的设备/防护设施变更
	6. 工作环境
	□工作场地未警示/未隔离/未防护/安全距离不足/不规范
	□危险物品储存不当
	□夜间作业照明不足
	□污染物/废弃物未妥善处置
	□工具/材料未按要求放置

四、安全观察与沟通意义

那么安全观察与沟通有什么用途？想象这样一个工作场景：员工们可以自由地、随心所欲地讨论安全，就像讨论工作一样。正确运用安全观察与沟通能使安全成为我们日常谈话的一部分，并且最终能构建起一种安全文化，员工们很自然地照顾对方，考虑对方的安全。

安全观察与沟通为员工提供双向沟通平台；提升整体安全意识，及时发现不安全行为，避免伤害的发生与财产损失；强化安全的工作习惯，消除危险的行为，减少伤害。

安全观察与沟通可以使企业识别企业职业健康安全管理体系或安全生产标准化中的薄弱环节，建立安全生产预警机制，减少事故和伤害，营造全员参与、人人干预的安全文化。

五、安全观察与沟通和干预

安全观察与沟通作为安全管理工具，可以帮助企业每一个人系统、合理地进行干预，提高干预技巧，从而得到期望的结果。安全观察与沟通强调沟通的重要性，强调正向激励。在实际应用中，员工可以借助安全观察与沟通工具，对现场的任何不合规行为进行干预，并表达自己的关心，而不是指责或惩罚。

无论是按照安全观察与沟通流程，还是简单地干预，都可能遇到挑战。比如：思想上难以转变，管理人员难以改变，传统的上级对下级的态度；当作原来的安全检查，关注负面；单向沟通，缺乏沟通的技巧，不善于或不愿意与员工沟通；为完成任务而做，没有体现安全核心价值等。所以在开展安全观察与沟通进行干预时，需要相应的理念和方法做支撑。

（1）观察。按照计划实施安全观察与沟通时，观察者站在较近的地方，用各种感官来感受员工如何进行工作，并特别注意工作的进行与安全操作程序。只有认真观察各种行为，后面才能深入地沟通。当观察到有严重危害人的生命的行为时，应及时制止，在这种情况下，观察员不能再继续遵循观察的计划安排，观察员应先制止这种不安全行为，并立即与员工讨论不安全行为。在确保安全的情况下，礼貌地打断危险作业。

（2）表扬。肯定员工作业中安全的行为，表扬员工的安全行为可以强化员工的安全行为，使员工养成良好的安全习惯，同时营造良好的沟通氛围。

（3）讨论。讨论的过程需要彼此尊重，观察者讲出自己的担心，使被观察者深入思考。与员工交谈时，先聆听，让他或她有机会自己讲出有哪些危险，引导被观察者意识到不安全行为。与员工讨论其不安全行为及后果，直到他或她了解为什么不安全的行为有危险为止。并尝试真正了解不安全行为的原因，讨论有没有更安全的做事方法，明确正确的做法。当观察者提出意见时，应表达关心，意见应针对后果而非行为。当观察者提问时，应探究原委，而非教导被观察者。

（4）启发。任何人在开展安全观察与沟通时，需要设法启迪被观察者，让被观察者自己认识到不安全行为，让被观察者自己思考不安全行为可能带来的后果，让其自己确定整改措施。观察者对于被观察者在沟通过程所讲的不安全做法，不要立即否定，而是要有耐心地沟通和启迪，引导被观察者持续思考，直至达成共识。

（5）承诺。针对不安全行为的改进意见与员工取得一致，并获得被观察者的改进承诺，使被观察者从心里接受，并承诺改变，这是使用安全观察与沟通要达到的长期效果。

（6）感谢。对员工的配合及工作表示感谢，充分体现对员工的尊重，强化员工兑现承诺的意识，强化领导正向激励的作用。

第四节　干预文化

部分外企在干预方面有很多值得我们借鉴的经验，他们往往对安全的不合规是零容忍，培育了干预文化，如壳牌石油公司的黄金准则之一是干预。中国的企业现在也越来越重视干预，如中国海洋石油集团有限公司（中海油）就培育了"人本、执行、干预"的安全文化。

一、壳牌黄金准则

壳牌石油公司的黄金准则只要 3 个词：遵守、干预、尊重。每个壳牌人都深刻理解黄金准则，并在日常工作过程中严格践行黄金准则。壳牌石油公司的黄金准则是怎么产生的呢？有分析表明，90％的安全事故与工作时的违章有关，也就是说在发生事故前如果遵守规章制度就可以预防 90％的事故。分析还表明，70％的死亡事故发生时都有其他同事在场，如果在场的同事立即干预当事者，可能就预防了 70％的死亡事故。所以说为了预防 90％的事故，为了避免 70％的死亡事故，壳牌石油公司明确地提出了遵守和干预。如何做到遵守和干预呢？只有大家敬畏生命，关心他人，爱护环境，才会发自内心地遵守和干预，这就是尊重。遵守就是遵守法律法规、标准和管理程序。干预就是干预任何不安全或者不合规的状况。尊重就是尊重我们周边的人和环境。

"只有严格践行壳牌石油公司黄金准则的人才能在壳牌石油公司工作，在现场大家就是一个团队，谁发现了不安全行为，谁就要去制止和纠正，我干预任何我感到不安全的工作。工作中不管是谁，只要他说的意见是正确的，我们都要虚心接受，而且还要由衷地表示感谢！"这是某一线队长对壳牌石油公司黄金准则"遵守、干预、尊重"的理解。

在我们的工作范围内都有哪些相关的法律法规、标准和管理程序？我们遵守这些相关规定了吗？当看到不安全或违规行为时，我们进行干预了吗？我们是否尊重周围的人？遵守规则和管理程序构成了危险源和后果之间的一道重要屏障，有两种情况可以使屏障失效：一是没能达到预想结果（诸如疏忽、失误和错误等）；二是故意违反规则（违规）。人们违反规则是因为他们觉得这样做是无所谓的或者他们不重视违规行为可能带来的危险，也就是人们觉得为了遵守规则付出的努力不能得到相应的回报或好处，或者某项工作被认为是低风险的，或者没有人对违规行为进行干预。可以说遵守规则是一道屏障，而干预是为了确保屏障有效，是对屏障的维护。

安全管理程序是什么？它们不是案头的摆设，而是必须严格执行的铁律。壳牌石油公司在这一点上从来不讲情面，任何人如果选择违反规则，那就意味着选择离开壳牌石油公司。壳牌石油公司的叫停政策要求：如果你认为工作场地不安全，如果你发现有危险，如果你看见有人没有遵守有关工作规定/程序或冒险作业，请立即叫停这个工作，并把这个问题汇报给你的主管。

壳牌石油公司上游国际业务部总裁有一次访问四川项目时，将自己的私人手机号码告知员工和承包商，鼓励他们发现不安全行为或不安全状况时直接向他汇报。在壳牌石油公司的长北项目中，干预的例子随处可见。曾有一位穿着高跟鞋的管理人员想要参观井场，被操作人员毅然挡在场外，操作人员判断的准则只有一条：必须严格遵守公司的规定，为所有人的安全负责。

二、中海油安全文化

2015 年，中国海洋石油集团有限公司（简称"中海油"）开始重塑"人本、执行、干预"的中海油特色安全文化，把诸如公开承诺安全责任、驾车乘车系好安全带、会场设置安全提示等一些看似琐碎的小事写入了公司文件。也就是这些琐碎之事，让更多人真切感受到了中海油的安全文化。

通过多年的实践和总结，中海油建立了具有海洋石油特色的职业健康安全环保文化，坚持站在科学发展观、构建和谐社会的高度，站在对员工生命安全和家庭负责的高度，突出以人为本、关爱员工的理念，并通过确保员工职业健康和安全生产积极体现企业的社会责任，明确了健康安全环保是公司生存的基础、发展的保障，规定了安全行为"五想五不干"、注重细节、控制风险等内容。中海油在安全生产管理工作上，积极促使员工自觉坚持"五想五不干"的安全行为准则，形成正确的安全文化态度。例如，通过宣传、培训等形式多样的活动，将公司的安全理念、安全精神传达给每位员工，依靠员工自觉执行安全操作规范，依靠员工传递安全精神，践行安全价值观。

中海油将"执行文化"作为安全文化的重点，力求把安全管理体系以及各项制度的执行抓牢、抓实、抓到位。强调执行必须从小事做起，从细节做起。比如要求员工乘车必须系好安全带，要求司机开车前必须提示乘客系好安全带。虽然"系好安全带"只是一件小事，但是坚持做下去，对于提高员工安全意识、风险意识起到了潜移默化的作用。

中海油倡导公司全体员工履行最基本的安全职责，从日常的细微处着手，身体力行，把良好的安全行为固化为保障自身安全的行为习惯，真正树立起"我的安全我做主"的观念。《员工安全标志行为》的内容包括：

（1）现场作业确认"五想五不干"；

（2）知晓所处环境应急通道；

（3）及时干预不安全行为；

（4）驾车、乘车系安全带；

（5）行人、车辆不闯红灯；

（6）上下楼梯扶好扶手。

其中第三条明确了将"干预"作为员工安全标志行为，以进一步提高员工安全意识，深化安全行为的体现方式，促进海洋石油安全文化的重塑。

《汉书·霍光传》里有这样一段话："今论功而请宾，曲突徙薪亡恩泽，焦头烂额为上客耶？"说的是有一户人家建了一栋房子，一位拜访主人的客人提出改砌烟囱、搬走柴薪的建议。主人认为这个客人在无事生非，心里很不高兴，当然没有整改。过了一段时间，这栋新房果然起火了，左邻右舍协力抢救才把火扑灭。主人为了酬谢帮忙救火的人，专门摆了酒席，唯独没有请那位提出忠告的人。这时有人提醒主人："如果您当初听了那位客人的劝告，就不会发生这场火灾了。"主人恍然大悟，连忙把当初那位提出忠告的人请来。这就是"曲突徙薪"这个成语的由来。

壳牌石油和中海油公司等公司倡导的干预，其实与曲突徙薪有异曲同工之处。制止他人的违章行为是干预，提醒他人改变不安全行为是干预，提醒他人改变物的不安全状况是干预，开展安全检查也是干预，将防范措施落实到位其实也是干预……干预包含的内容很多。

无远虑者，必有近忧。面对灾难和危机，"亡羊补牢"虽然不晚，但"曲突徙薪"式的干预才是治本之道。今天，防患于未然已成为人们的共识，但在日常生活工作中，仍存在一些事故隐患。践行"干预"，将事故隐患杜绝在事故发生之前，是每一个人的责任。从小事做起，干预工作、生活中的每一起不安全行为，就会看到改变的效果。安全现状的改变需要付出努力，需要有人站出来，鼓起勇气进行干预。干预不分职级，下级有责任干预自己的领导。

干预就是关爱！

第十章

设备完整性管理

求木之长者，必固其根本；欲流之远者，必浚其泉源

——（唐）魏徵《谏太宗十思疏》

痛点： 企业设备设施设计不合理、制造有缺陷、维护不及时、技术保障不到位，设备本质安全化水平低，没有实现全生命周期管理，安全无法保障。

第一节　设备设施全生命周期管理

设备设施全生命周期管理是在设计、制造、采购、施工验收、投产运行、废弃等阶段，应用管理方法和技术手段识别风险、消除隐患，保障设备设施"全生命周期"安全可靠。

一、设计、制造环节管理

设计、制造应满足长周期安全、稳定使用，核心是质量保证，应建立质量管理体系，全面制定、实施质量控制和质量保证措施，从源头上消除

质量缺陷。

1. 选址论证

选址要从源头上减少或避免风险，减少决策风险。大型设备设施与周边的安全距离应符合标准要求，留有足够裕量，防止因周边社会发展变化而导致大型设备安全距离不够等问题。特别是近年来城镇化发展很快，造成大型的油气化工企业设施与周边安全距离不够的问题，给人民群众生命财产安全带来巨大风险，也给企业的安全生产带来困难和隐患。

2. 本质安全论证

在可行性研究阶段要将安全、质量和环保要求作为前置条件，由专业设计队伍、有实践经验的建设者和运行人员组成团队，共同开展本质安全论证，考虑技术的可靠性、前沿性和冗余，避免系统性、源头性错误，提高设备本质安全性能，减小能量或危险物质的暴露频率，降低事故发生的概率。要符合低碳、清洁生产要求，不使用高耗能设备和淘汰的产品，从而降低运行维护成本。

3. 设备规划与选型

设备规划和选型是企业长周期稳定运行的基础，尽管各类故障、事故大部分发生在运行阶段，但影响其寿命的活动大多在设计、制造、选型阶段，要从源头上进行把关，采用先进的、可靠的本质安全型设备，选用与项目周期匹配的主要设备，提高安全系数。

4. 审核把关

规划、设计、建设和生产、设备、技术、安全等管理部门应建立联动机制，明确责任合理分工，建立审核流程，评估审核把关，从源头上管控，达到事半功倍的效果。

5. 采用自动化和智能化设备

利用自动化减人和机械化换人,自动监控、系统远程操作,减少现场作业人员,降低人员在危险环境暴露的数量和频次,提高效率与质量。如煤矿自动化和智能化设备,大大降低事故率和人员伤亡率。

6. 故障安全设计

完善监控、监测、预警、报警和故障状态下联锁、切断功能,避免事故扩大。特别是近年来化工企业和重大危险源企业的远程监控系统、监测预警系统、安全仪表系统、紧急联锁切断系统和紧急停车对安全生产发挥了重要作用。

二、安装环节管理

1. 合理采购

要站在全生命周期高度对待采购活动,完善采购计划和采购质量保证制度,避免低价劣质竞争造成维护成本高、失效早和潜在的隐患或事故。

2. 施工过程质量与作业安全管控

对大型设备安装作业现场,业主方、施工方、监理方要全力配合,实现无死角安全管控。借鉴国内企业智慧工地施工经验,充分利用数字化、可视化进行质量管控,每项作业质量可追根溯源到人,提高施工质量。借鉴"云监工"经验,利用可视化管理实现 24 小时全方位监控,防范质量风险和施工过程违章作业。

3. 安装质量管理

安装是验证设备质量的重要机会,能发现入厂验收未发现的一些深层次的问题。发现的问题及时予以整改;安装过程中的失误或错误会造成新的事故隐患、质量问题，因此安装阶段必须要有严格的质量安全管控体系，细化流程，严格验收。

4. 技术交底与试运行

技术交底与培训是保障试运行以及运行期间人、机安全的重要措施。首先要基于风险识别与管控编制试运行方案，按设计、施工、设备以及相关资料要求等进行技术交底和培训。第二要做好清洗、润滑、盘车、紧固和个人防护。第三要检查开关、显示，转速、温度、压力、振动、噪声等指标，联锁保护及安全附件完好。第四要先空转再负荷试验，进一步进行设备磨合、排除故障和评估。第五开展查漏补缺工作。按事故盆浴曲线规律，试运行阶段是事故的高发期，要组织人员逐项检查，针对设计、制造、安装、调试中出现的问题，提出整改措施并彻底整改。

三、设备运行安全管控

设备事故基本发生在运行状态下，每个环节的风险种类可能都不一样，都需进行风险识别和管控。

1. 风险类型

根据设备所具有的能量和储存的介质，可将设备的风险分为能量型风险、物质型风险以及叠加型风险。

（1）能量型风险。常见有动能、势能、热能、电能，风险意外释放。一般为动态设备，主要有电气设备、机械设备等，可导致机械伤害、物体打击、设备爆炸、触电等。

（2）物质型风险。一般为静态设备，主要有危险化学品储罐等，化学品或危险化学物品泄漏或化学转化可导致火灾、爆炸、中毒窒息等。

（3）叠加型风险。既存在能量型风险，又存在物质型风险，比上述两种风险更高，发生事故的类型也相对较多。生产过程中的设备设施存在的风险大部分都属于叠加型风险，例如高温高压反应设备、高压储罐等设备。

2. 风险控制措施的制定

对不同级别的风险都要结合实际采取多种措施进行控制，并逐步降低风险，直至可以接受。风险的识别和控制措施在本书其他章节里有具体介绍，本节不再赘述。基本包括但不限于：实现本质安全工程技术措施，按安全标准化体系进行的管理措施，提高从业人员的操作技能和安全意识的教育措施，减少职业伤害的个体防护措施，风险失效后降低损失的应急措施。

3. 设备安全运行的一般管理要求

（1）润滑管理。合理润滑是减少磨损和腐蚀的重要途径，是设备管理中的一项主要且重要的工作，可以有效延长设备的使用寿命，是防止设备失效或安全事故的重要手段。企业要完善润滑制度和作业规范，润滑的方式和注入方式种类较多，需根据不同的要求而确定，常用措施是"三级过滤"和"五定"（定人、定点、定时、定质、定量）。

（2）操作管理及教育培训。应基于岗位风险，按岗位需求、作业类别开展分级分类的安全培训。开展以"岗位风险、设备参数、操作规程、应急处置"等为内容的"岗位描述"的培训，防止人为失误。特别对大型设备、关键设备、动态设备和操作复杂的设备，提倡采用"手指口述"的方法，保障操作无误。

（3）点检管理。应将管理重心下移，除日常一线操作员工巡回检查之外，还要按标准、规程、规定进行动态管理，全面开展日常点检、专业点检、精密点检。点检标准要具体、详细。如机械设备应注意压力、温度、流量、泄漏、异响、振动、润滑、磨损或腐蚀、裂纹、变形。电气设备应注意温度、湿度、灰尘、绝缘、异响、氧化、松动、电流、电压等。

（4）技术改造。采用新技术，对设备及其附件升级改造，可根据自动化水平建设的要求，配备设备自动化控制系统、紧急停车系统、可燃有毒气体检测报警系统、视频监控系统、安全仪表系统等，提高技术水平。

4. 检修过程管控要求

在检修的过程中会存在有毒有害液体或气体泄漏、火灾、触电、中毒窒息等风险。旧设备由于年久失修，存在着由腐蚀或各种原因造成的缺陷，没有被发现或被修复时，成为安全运行的潜在事故隐患，特别是边生产边检修会存在更大的风险。主要措施如下。

（1）在风险识别和评价的基础上，制定切实可行的设备检修方案和安全管控措施，进行人员培训、技术交底。

（2）引入先进的检修设备与技术，减少人员在危险环境的暴露，消除、减少、隔离能量与危险物质。

（3）检修前应安全检查。包括设备的安全性、工器具的检查与检验、环境安全、个人防护用品可靠性。

（4）安全确认及作业许可，特别是动火、有限空间作业等特殊作业，操作要按规范要求执行，严格作业许可审批。

（5）过程风险动态管控、监护，通过视频远程监控和自动感应器等对设备进行不安全因素的检测。

（6）检修工作结束，进行清理、检查、确认后，方可进行试车。

5. 特种设备管控要求

特种设备应从人的因素、物的因素、环境因素、管理因素等方面进行风险识别与管控。重点从以下方面进行安全管理。

（1）建立健全特种设备管理组织机构和安全管理机构，完善安全管理制度、操作规程，制定专项预案。

（2）及时开展合规性评价活动，使特种设备符合《特种设备安全法》及相关标准、规范要求。

（3）持续开展日常和专项安全培训，制作特种设备风险告知卡，人员持证上岗率应为100%。

（4）完善从设计到报废全生命周期的登记、备案、注册。严格检测、校验检验、维修维护和变更管理，并建立信息化台账记录。

（5）建立"双重预防"机制，编制特种设备"一图两清单"。根据单位特种设备类型、数量、现状、位置、使用年限等绘制出特种设备风险分布图，用红、橙、黄、蓝四色对风险进行分级；编制特种设备风险分级管控清单；开展隐患排查治理，建立隐患排查治理清单，分级治理。

6. 设备缺陷管理

设备缺陷管理对于关键设备和重点设备投运后避免失效、保证设备的完好状态有重要作用。良好的设备缺陷管理按 PDCA 循环模式，可建立设备缺陷管理数据平台，完善标准识别、缺陷识别、缺陷信息传达、缺陷消除、缺陷管控、缺陷分析等方面的制度。主要按照以下工作流程进行管控。

（1）设备缺陷维修计划。主要以设备完整性评价报告为依据，结合风险评价报告，分析设备缺陷维修等需求，制订维修计划。对运行人员、维修和点检人员发现的不正常数据和超标数据，根据缺陷种类和严重程度分类上报，按缺陷修复等级列出维修计划等级。对于需立即修复的缺陷，应立即组织开展修复工作。对于计划维修的缺陷，需制定缺陷修复方案，修复方案应符合有关完整性管理标准，在完整性评价等报告建议的修复时间内完成修复，建立缺陷修复档案。

（2）设备缺陷修复和验收。应提前落实修复的各项资源，特别对危险作业或危险场所要明确安全方案或安全措施，办理维修作业票或特殊作业票证，确保安全。

（3）应加强维修质量控制及验收。首选永久性修复方式，修复过程中如有焊接作业，焊缝应进行无损检测，保证焊缝质量。

（4）分析缺陷产生的原因并提出改进措施。

7. 设备更新改造管理

设备更新改造管理指导所有设备全生命周期中的更新改造工作，保障设备生产能力和性能，确保生产过程的安全性、经济性。若设备耗损严重，大修后性能、精度仍不能满足工艺要求，技术上已陈旧落后或者经济上不如更新合算的，则最好更新。对重点设备应进行可行性调查研究，应遵循技术先进、经济合理，立足当前、兼顾长远的原则选择新设备。根据计划周期，安排好施工与生产的衔接事宜，施工结束后，要按规定进行试运转和质量验收。合格后，移交生产。

8. 设备变更管理

企业要严格执行设备变更管理，强化变更过程管理和控制，识别新风险，消除新隐患。

（1）重大变更识别。重大变更是指影响较大、涉及工艺技术的改变或设施功能的变化、重要工艺参数改变（如压力等级的改变，压力报警值的设定等）的变更。微小变更指影响较小、不造成任何工艺参数改变，但又不是同类替换的变更。

（2）变更安全告知。在变更完成之前必须将更新的安全信息、操作维修程序、变更要达到的目的、技术与安全审查的结果传达给相关的操作与维护维修人员。

（3）变更安全培训与建档。组织员工进行培训，确保员工充分了解设备变更的有效和安全信息。应将变更的相关资料存档，包括变更审批表、安全分析报告以及建议的解决方案等，同时销毁废止文件。

9. 设备闲置、报废管理

（1）设备闲置管理。闲置设备要按停用或封存规定处理，同时要做好保管和保养工作。

（2）报废设备管理。企业应定期组织专家和相关人员对需要报废的设备进行鉴定，对符合报废条件的设备实施报废程序，要落实好报废安全环保措施，确保后续无安全环保隐患，特别是储存过易燃易爆和有毒有害物的设备，其报废措施要到位，之后完成报废工作。

第二节　设备设施完整性管理

设备设施完整性管理是以"源头治理、风险受控、提前预防、动态管理、技术支撑"的思路和方法，对设备设施和资产进行体系化的管理，保障企业安全平稳长周期的运行，同时保护人员生命和环境安全。

一、设备设施完整性管理基本要求

设备设施完整性管理一般要求对设备全生命周期进行风险识别，通过系统的管理措施和技术手段进行动态风险管控，以保障设备及附件的齐全与完整，实现本质安全，确保关键设备始终处于满足安全生产平稳运行的状态。其基本要求如下。

（1）组建完整性管理机构、建立完整性管理体系。

（2）完整性管理应贯穿设备的整个生命周期。

（3）完整性管理应明确设备不同时期的管理重点。

（4）风险评价作为完整性管理的重要环节之一，应定期开展风险评价，对发现的重大隐患应立即组织整改。

二、完整性管理体系与融合

近年来设备设施完整性管理体系趋于完善，与资产完整性管理体系、安全标准化体系、QHSE 管理体系等逐渐在整合或融合。设备设施完整性管理的主要内容如下。

（1）建立全生命周期、全员、全要素的完整性管理管控流程。

（2）建设完整性数字化信息平台，将设备的规划、设计、制造、购置、安装、运行、维修、改造、更新，直至报废的全过程进行数字化管理。

（3）基于现代各类传感技术、检测技术及智能化、数字化、信息化的网络技术，利用软件模型和算法，实现移动终端的监控管理，使设备完整性管理更加便捷。

（4）通过管理审核方式进行绩效管理，量化计划和目标的完成情况，开展绩效评价工作，确定设备管理的有效性。

三、管道完整性管理

管道完整性管理可保障管道结构和功能完整，通过采取检测、评价、维修维护等技术手段，提前识别和管控管道面临的风险因素，预防事故发生，实现事前预控，将风险水平控制在合理、可接受范围内。

1. 建设期管道完整性管理

建设期管道完整性管理是提升管道本质安全的基础，是管道全生命周期完整性管理的重要起点。从源头抓起，在管道建设期植入完整性管理理念，将完整性管理要求落实到可行性研究、设计、采购、施工、投产的各个环节，规范采集数据，严格把关施工质量，进行科学检测评价，及时识别隐患，从源头消减风险，就能从根本上提升管道本质安全。

2. 运行期管道完整性管理

运行期管道完整性管理是保障管道安全平稳运行的主要抓手，是管道全生命周期完整性管理持续时间最长、社会关注度最高的阶段。运行期完整性管理工作主要包括"六步工作循环"，即数据采集与整合、高后果区识别、风险评价、完整性评价、维修维护、效能评价，将完整性管理要求融入管道运行、维修维护、应急抢修各个环节，全面开展内外检测、识别风险、安全评价，及时消除缺陷与隐患，确保管道安全风险受控，最大限度地减少和预防事故发生。

3. 废弃管道完整性管理

管道判废与废弃处置是全生命周期管理的最后一环，经过多年摸索，系统总结提炼废弃处置期完整性管理的 4 个工作步骤，包括管道判废、封存管道风险评价、封存管道维护管理、报废管道处置，形成配套的管理、技术和标准体系，为合理、有序开展老旧管道停输封存工作提供科学指导。

第三节　设备完整性技术

过去，许多设备运行工况的评价需要由技术人员和工程师根据经验进行。随着近年来科技的发展，设备的连续性和复杂性不断增加，设备呈现出数字化和智能化，更多地应用新技术对设备进行在线检测、诊断分析，提前进行预防性维护，降低设备故障率和失效率。

一、设备检测技术

应对关键设备实施以状态和故障为基础的检测。

1. 状态检测技术

状态检测技术是掌握设备动态特性的技术，有直接检测、外观检测和在线检测等。如温度测试、动态测试、物料分析、腐蚀监控法、无损检测、电力测试及监控法等。特别是近年来在线检测技术发展较快，将检测仪器直接安装在运行设备上，通过对温度、压力、流量、振动、液位进行实时监测、传输或利用一种或几种数据建模分析，然后在终端显示。也可以通过人为干预和自动干预，反馈到设备上，实现系统的自动控制。如 SCADA 系统、SIS 系统、DCS 系统、在线检漏系统，这些已成为当前企业设备管理的重要技术。

2. 故障诊断技术

故障（风险）诊断技术是通过对频率、振幅、温度、压力等相关技术参数进行对比分析，同时用大数据技术对各个环节、各个参数进行监测，经计算机进行分析，达到故障预判、预警预防和自动干预的目的。此项技术已成为保障设备安全的极为有效的手段。

二、智能化感知技术和数字化技术

使用温度、压力、应力、位移、电流、振动等智能传感器，提升基于工业互联网的设备的感知能力；同时利用 AI 视频监控、机器人、无人机、5G＋等技术对相关设备和环境的数据进行检测、采集、传输，将海量的数据与设备建立关联，并建立数据库，开发风险和失效模型，实现设备故障诊断与预测，进行精准预测、智能预警。为设备监控和操作人员提供决策依据，为维修技术人员提供重要的预防性维修信息，降低风险、减少隐患、避免事故。如可视化技术、实时监控技术，能够实现设备运行监视、操作与控制、综合信息分析与智能预警等，让管理者随时随地了解设备的生产情况，大幅度提高企业设备管理能力。

第十一章

质量保证

对产品质量来说，不是 100 分就是 0 分。

——松下幸之助《经营·沉思录》

痛点： 许多企业想尽一切办法引进安全新理念，采取一切方法想改变现状做好安全，但是没有意识到自己的安全问题是由于公司的质量管理不到位，如在日常工作过程中缺乏质量文化，员工交付的工作不符合标准，产生了许多隐患，结果引发了事故。

第一节　质量管理

质量既包括产品质量，也包括服务和工作质量。

一、克劳士比质量管理四项基本原则

"零缺陷之父"菲利浦·克劳士比（Philip Crosby）提出了"质量管理四项基本原则"。他指出，客户的要求是确定业务质量的标准；建立质量体系的目的在于预防；工作的标准是"零缺陷"；不符合要求的代价是因返工而发生的额外成本。他还特别强调："领导是质量改进的关键。"

第一原则，质量的定义。质量就是符合要求，这给质量一个可以衡量的标准，它不能也不允许任何人违反这个标准，让大家对质量有了可以遵循的法则。如果不符合要求，就产生不符合要求的结果，例如，次品被退回、需要修补、返工等，这就造成了大量的浪费和较高的成本。对于企业来讲，关键是如何制定"要求"，确保"要求"满足要求，如果"要求"不满足要求，就无法确保实现期望的质量。

第二原则，预防性的质量管理体系。质量控制的目标是按时满足所有要求，重点是预防而不是检验或返工，所以要建立和执行预防性的质量管理体系。为了执行预防性的质量管理体系，必须明确预防和检验的意义，即预防产生质量，而检验不能产生质量。检验是将不满足要求的事项找出来，检验太迟了，因为缺陷或不符合项已经发生，检验可能漏失一些缺陷或不符合项，而且检验不能产生符合项。当然我们在日常工作中还需要开展检验，一方面检验能找出一些缺陷或不符合项，另外一方面检验能形成让大家重视质量的监督氛围。预防是指未雨绸缪，在产品、服务、工作的设计开发阶段或策划准备阶段逐步分析和剔除不符合项产生的因素，真正做到"无后顾之忧"，使产品、服务或工作满足要求。

第三原则，工作的标准是零缺陷，而不是差不多就好。零缺陷明确了工作的标准，意味着产品、服务、工作在每个阶段每时每刻都必须满足标准的要求，不允许出差错，必须百分之百、不折不扣地去做自己答应要做的事情。零缺陷既是我们的工作目标，又是我们的质量理念。如何实现零缺陷的工作标准呢？就是第一次把事情做对，也就是第一次把正确的事做正确。"做正确的事"是战略和方向，"对"是要求或标准，"做"是执行，"第一次做对"是管理效率。

第四原则，质量的成本。质量成本是用不符合要求造成的代价（成本）来衡量的。不符合要求造成的代价有很多，比如质量不合格导致的废品、浪费的时间、造成的人员伤亡、污染的环境、损坏的设备、使用的原材料、重新加工、顾客抱怨、回收服务、停工时间、法律调解等，这些都可以换算成经济成本，用金钱来衡量最直观明了。在质量管理过程中用不符合要求的代价作为衡量产品质量的标准，这样就能增加全员对质量的认识，从而使全员重视和参与质量管理。

二、全面质量管理

全面质量管理 TQM（total quality management）就是指一个组织以质量为中心，以全员参与为基础，通过顾客满意和本企业所有成员及社会受益而达到长期成功。首先，质量的含义是全面的，不仅包括产品服务质量，而且包括工作质量，用工作质量保证产品或服务质量；其次，TQM 是全过程的质量管理，不仅要管理生产制造过程，而且要管理采购、设计、售后服务等的全过程。

三、全面质量管理的特点

所谓全面质量管理，就是进行全过程的管理、全企业的管理和全员的管理。

（1）全过程的管理。全面质量管理要求对产品生产过程、服务过程和工作过程进行全面控制。即对市场调研、研究开发、设计、生产准备、采购、生产制造、包装、检验、贮存、运输、销售、为用户服务等全过程都进行质量管理。

（2）全企业管理。质量管理工作不局限于质量管理部门，要求企业所属各单位、各部门都参与质量管理工作，共同对产品质量、服务质量和工作质量负责，特别是要注重形成产品和服务的工作质量。注重采用多种方法和技术，包括科学的组织管理工作、各种专业技术、数理统计方法、成本分析、售后服务等。

（3）全员管理。全面质量管理要求把质量控制工作落实到每一位员工，让每一位员工都关心产品质量、服务质量和工作质量。全员都进行预防，把质量事故和质量隐患消灭在发生之前，使每一道工序都处于被控制状态。

四、全面质量管理的意义

通过全面质量管理，实现以下目标。

（1）提高产品质量、服务质量和工作质量。

（2）改善设计。

（3）提高生产效率。

（4）鼓舞员工的士气和增强质量意识。

（5）改进产品售后服务。

（6）提高市场的接受程度。

（7）降低经营成本。

（8）减少经营亏损。

（9）降低现场维修成本。

（10）减少责任事故。

（11）杜绝浪费。

五、如何实现质量管理过程的零缺陷

"零缺陷"强调的是重视质量的决心和追求卓越质量的愿景，必须第一次就把事情做对，绝对不向不达标妥协。

1. 践行质量价值观

企业将质量当作核心价值观，质量就是生命，质量就是效益。当质量与产量产生矛盾时，选择质量；当质量与成本产生冲突时，选择质量；当质量与生产进度产生矛盾时，选择质量。当发现产品质量、服务质量、工作质量不满足要求时，立即整改，整改的决策体现领导是否真正地践行质量价值观。

海尔集团是张瑞敏砸76台冰箱体现重视质量而创造的驰名品牌。1985年的一天，一位朋友想买一台冰箱，结果挑了很多台都有毛病，最后勉强拉走一台。朋友走后，张瑞敏派人把库房里的400多台冰箱全部检查了一遍，发现共有76台存在各种各样的缺陷。张瑞敏把职工们叫到车间，问大家怎么办？多数人提出，也不影响使用，便宜点儿处理给职工算了。当时一台冰箱的价格是 800 多元，相当于一名职工两年的收入。张瑞敏说："我要是允许把这 76 台冰箱卖了，就等于允许你们明天再生产 760 台这样的冰箱。"他宣布，这些冰箱要全部砸掉，谁干的谁来砸，并抡起大锤亲手砸了第一锤！很多职工砸冰箱时流下了眼泪。然后，张瑞敏告诉大家——有缺陷的产品就是废品。砸冰箱的决策体现了张瑞敏真正地重视产品质量，真正地践行质量价值观。

2. 质量就是诚信，也就是说到做到

真正的质量体现一个企业或一个人的"诚信度"——不是多一点少一点的数量问题，而是符合或不符合承诺。当企业全员重视质量，把做好质量工作当成是践行诚信价值观的体现，并做好自己承诺过的事情时，企业就形成了说到做到的习惯，也就培育了卓越的质量文化。当公司培育了卓越的质量文化时，所有事情都会变好，如会议按时开始和结束，员工按时上班，开车不接打手机，乘车佩戴安全带，设备按时保养维修，员工遵守操作规程，所有人都变得更加可靠。

3. 第一次就把事情做对

要实现第一次就把事情做对，首先要具有任何错误都可以避免的思维，做事情的准则必须是零缺陷，而不是"差不多"。其次，明确"对"就是符合标准，也就是工作标准，不是无限制地设置的高标准，而是满足法律法规、行业标准、操作规程和承诺等。要第一次就把事情做对就得提前与客户沟通清楚满足什么样的标准，标准的具体参数是什么，如何衡量。最后，确定标准之后需要制订详细的交付计划，并严格地执行计划，没有计划就无法保证做对，有计划不执行就等于没有计划。

4. 为顾客负责

通常大家对外部顾客比较好理解，也比较重视，但是对于内部顾客不

明确或不重视。内部顾客按照相互关系的不同分为三类。

职级顾客：由企业内部的职务和权力演变而来的顾客关系，即下级是上级的"顾客"。

职能顾客：职能部门之间存在相互提供服务的关系，构成顾客关系，即接受服务部门是提供服务部门的"顾客"。

工序顾客：在工作或作业中存在着产品加工或服务的提供与被提供的关系，构成工序顾客，即下一道工序是上一道工序的"顾客"。

当企业明确内部顾客，形成"内部顾客关系链"时，全体员工以重视和对待外部顾客的态度对待内部顾客，企业就能很快形成良性的内部服务和管理氛围，能提高内外部顾客满意度，从而提升企业的核心竞争力。

5. 不符合要求的代价

不符合要求的代价（price of nonconformance，PONC）是指由于缺乏质量管理而造成的人力、财力、物力以及时间成本的浪费，不仅包括质量不合格导致的废品，还包括因原材料质量问题、产品返工、赶工、临时服务、存货过多、顾客抱怨、重复服务、停工时间、调解甚至保修所付出的代价。

根据有关统计，在制造行业，不符合要求的代价占营业额的20%～25%，这是令人难以置信的比例。任何产品、服务、工作过程只要符合要求就是质量良好的产品、服务、工作。第一次就做对事情，也就消除或降低了不符合要求的代价，也就减少了浪费，从而提高了企业的效率。

质量管理过程需要建立质量问责制，质量问责制是建立全员质量责任意识的手段。对工作中发生的有计划不执行，有标准不执行的工作质量问题、服务质量问题和产品质量问题，要坚决追究而不能宽容。责任追究的零宽容是对发生质量问题的当事人按质量问责制度进行问责，制定纠正和预防措施，而不是对当事人的工作能力和工作业绩的全面否定。问责制是负责制的完善，问责的意义不在于责，而在于预防，在于防微杜渐，在于对任何不符合标准行为的纠正。

六、质量文化

企业全员要长期践行"第一次就将事情做对"的理念，需要建立和践行卓越的质量文化。各级管理人员要将零缺陷当作企业长期追求的愿景，将质量当作企业生存的核心价值，通过领导示范使每个人以零缺陷的工作准则严格要求自己，把客户的利益与每位员工及企业的利益紧密联结起来，形成人人为自己的工作质量负责的卓越质量文化。卓越质量文化反过来影响全员的行为，影响全员"第一次就将事情做对"，也就成为企业的核心竞争力。

第二节　质量与安全的关系

一、质量是安全的基础

（1）质量和安全都是企业可持续发展的基石，安全问题最终都可以归结为质量问题。质量和安全事故甚至会葬送企业，如知名品牌三鹿奶粉因为三聚氰胺事件而破产，响水爆炸事故造成至少 16 家企业倒闭。

（2）质量和安全不存在谁第一。质量与产量或成本发生矛盾时，质量第一；安全与进度或成本发生矛盾时，安全第一。

（3）质量是安全的基础，安全是质量的前提。当产品、服务、工作有了质量保证，就建立了安全的基础，没有质量基础，安全就是空中楼阁。质量的基本属性是安全，如果产品的技术参数很高，却不能确保安全使用，这其实是质量差。

二、生产安全事故的原因

每次生产安全事故之后都进行调查，分析造成事故的原因，那事故原因与质量是什么关系呢？

2020 年 6 月 13 日，沈海高速公路温岭段温州方向温岭西出口下匝道发生一起液化石油气运输槽罐车重大爆炸事故，造成多人伤亡和巨大经济损失。对于事故原因，除石油气运输槽罐车超速、运输企业未按规定配备安全管理人员、企业负责人不具备安全资格证、未定期组织应急救援演练等原因外，事故所处路段旋转式防撞护栏与跨线桥混凝土护栏搭接施工不符合标准规范和设计文件、事故所处路段旋转式防撞护栏与跨线桥混凝土护栏搭接工程结束后未开展竣工验收等路段质量问题也是造成事故的原因之一。

在《企业职工伤亡事故分类》（GB 6441—1986）中，生产安全事故的直接原因和间接原因如下。

1. 直接原因

机械、物质或环境的不安全状态，也就是不符合标准。

物的不安全状态：

（1）防护、保险、信号等装置缺乏或有缺陷；

（2）设备、设施、工具、附件有缺陷；

（3）个人防护用品用具有缺陷；

（4）物体存放不当；

（5）生产（施工）场地环境不良。

人的不安全行为：

（1）操作错误，忽视安全，忽视警告；

（2）造成安全装置失效；

（3）使用不安全设备；

（4）手代替工具操作；

（5）冒险进入危险场所；

（6）攀、坐不安全位置；

（7）在起吊物下作业、停留；

（8）机器运转时进行加油、修理、检查、调整、焊接、清扫等工作；

（9）有分散注意力行为；

（10）在必须使用个人防护用品用具的作业或场合中，忽视其使用；

（11）不安全装束；

（12）对易燃、易爆等危险物品处理错误。

2. 间接原因

某方面的管理不符合要求。

（1）技术和设计上有缺陷——工业构件、建筑物、机械设备、仪器仪表、工艺过程、操作方法、维修检验等的设计，施工和材料使用存在问题；

（2）教育培训不够，未经培训，员工缺乏或不懂安全操作技术知识；

（3）劳动组织不合理；

（4）对现场工作缺乏检查或指导错误；

（5）没有安全操作规程或不健全；

（6）没有或不认真实施事故防范措施，对事故隐患整改不力；

（7）其他。

第三节　如何通过质量提高安全管理

一、改变认识

安全问题归根结底是质量问题，许多企业的安全问题仅靠安全专职人员无法解决，靠简单的安全手段也无法解决，我们需要跳出安全、谋划安全，通过提高企业的质量管理水平，从根本上预防生产事故。

二、整合管理体系

许多企业建立了职业健康安全管理体系、安全生产标准化、质量管理体系等,但这些管理体系分别独立运行,既造成了重复工作,又降低了工作效率,没有实现事半功倍的管理效果。企业应该将这些体系进行整合,形成一套完整的管理体系,使全员遵守体系标准,实现预防事故的事半功倍的效果。

三、践行零隐患理念

质量管理践行零缺陷,也就是第一次就将事情做对的管理理念,这个管理理念完全适合于安全管理。践行零缺陷理念的核心是每次做对事情,也就是每次、每项、每个环节的工作都必须符合标准。其实,缺陷包括隐患,践行零缺陷理念就是践行零隐患理念,全员确保自己本职工作的质量,也就是工作符合标准,不就是隐患大幅度减少了,不就是事半功倍地预防生产安全事故吗!我们整天做的隐患排查是发现已经产生的隐患,而整改隐患还需要成本,却不能预防隐患。践行零隐患理念,严格遵守标准,不产生隐患才是预防生产安全事故的好方法!

四、隐患的代价

质量管理统计表明,在制造行业不符合要求的代价(price of nonconformance,PONC)超过了营业额的20%。这个不符合要求的代价包括企业的所有不合规造成的损失,当然也包括了隐患。《职业健康安全管理体系要求及指南》(ISO 45001)中的不符合项是"nonconformance",也就是隐患。我们在安全管理过程中应利用隐患的代价使各级管理人员或员工重视隐患的预防,也就是第一次就将事情做对。质量的缺陷可以整改,但是部分安全隐患的整改如果不及时,就会造成大事故,如果造成了人员死亡,后果是无法挽回的,就也就是说隐患的代价很大。我们在安全管理过程中应该定期计算隐患造成的代价，包括整改隐患的代价，将这个成本代价与相关管理人员分享，从而引起大家重视自己的本职工作，使大家第一次就做好自己的本职工作，大量消除隐患，为公司创造利润。

五、质量是全员参与安全管理的主要抓手

我们在安全管理过程中一直强调全员参与，可是在全员参与的过程中，员工如果因为工作质量不达标而制造隐患，大家就不得不忙于做安全检查，整改隐患，因此形成恶性循环。企业将质量当作全员参与安全管理的主要抓手之后，每位员工对自己的本职工作质量负起责任，也就是严格遵守工作标准，当遵守工作标准之后，隐患数量会大幅度地降低，这也就有效地实现了全员参与安全管理。

六、隐患排查向维护屏障转移

质量管理要求必须明确预防和检验的意义，即预防产生质量，而检验不能产生质量，特别强调预防，是通过遵守标准，第一次就做对事情不产生缺陷或少产生缺陷。当前的安全管理花了大量的时间和精力进行隐患排查，在找隐患，也就是找不安全行为、不安全状况和管理的缺失。而隐患是员工不遵守标准的产物，这其实形成了恶性循环，一边制造隐患，一边排查整改隐患。许多企业非常重视安全，安排了大量的隐患排查工作，结果大家整天忙于排查隐患，却没有时间静下心来策划如何做好预防。特别重视隐患排查的做法与克劳士比的质量管理四项基本原则相违背，与全面质量管理原则相违背。我们嘴上讲了预防，但是实际上是重视应急或检验不符合项，说明没有真正地做到预防。隐患排查只能发现已经产生的隐患，但不能预防隐患。管控危险源的牛鼻子是屏障，只要屏障有效就能预防事故。预防事故的合理做法是针对危险源设置屏障，明确屏障的参数，并维护屏障有效。工作重点应该是设置和维护屏障，特别是全员一定要遵守设置屏障和维护屏障的标准。通过隐患排查找出屏障的漏洞，及时整

改，确保屏障有效，这样就进入事故预防的良性循环。

第四节　六西格玛

六西格玛（6σ）是世界上追求管理卓越性的企业最为重要的战略举措之一，是以顾客为主体来确定企业战略目标和产品开发设计服务的标尺，是追求持续进步的一种管理哲学。作为一种以追求卓越为目标的管理方法，六西格玛为企业提供了一个近乎完美的努力方向。六西格玛管理法是一种统计评估法，核心是追求零缺陷生产，防范产品责任风险，降低成本，提高生产率和市场占有率，提高顾客满意度和忠诚度。六西格玛管理既着眼于产品、服务质量，又关注过程的改进。"σ"是希腊文的一个字母，在统计学上用来表示标准偏差值，用以描述总体中的个体离均值的偏离程度，测量出的σ表征着诸如单位缺陷、百万缺陷或错误的概率，σ值越大，缺陷或错误就越少。六西格玛是一个目标，这个质量水平意味着所有的过程和结果中，99.99966%是无缺陷的，也就是说，做100万件事情，其中只有3.4件是有缺陷的，这几乎趋近到人类能够达到的最为完美的境界。六西格玛管理关注过程，是企业为市场和顾客提供价值的核心过程。过程能力用σ来度量后，σ越大，过程的波动越小，过程以最低的成本损失、最短的时间周期满足顾客要求的能力就越强。六西格玛理论认为，大多数企业在3σ～4σ间运转，也就是说每百万次操作，失误在6210～66800次之间，这些缺陷要求经营者以销售额的15%～30%进行事后的弥补或修正，而如果做到六西格玛，事后弥补的资金将降低到约为销售额的5%。不同西格玛的失误率如下。

● 6个西格玛＝3.4次失误/百万个机会，卓越的管理、强大的竞争力和忠诚的客户。

● 5 个西格玛＝230 次失误／百万个机会，优秀的管理、很强的竞争力和比较忠诚的客户。

● 4 个西格玛＝6210 次失误／百万个机会，较好的管理和运营能力、满意的客户。

● 3 个西格玛＝66800 次失误／百万个机会，平平常常的管理、缺乏竞争力。

● 2 个西格玛＝308000 次失误／百万个机会，企业资源每天都有三分之一的浪费。

● 1 个西格玛＝690000 次失误／百万个机会，每天有三分之二的事情做错的企业无法生存。

六西格玛是帮助企业集中于开发和提供近乎完美产品和服务的一个高度规范化的过程，可测量一个指定的过程偏离完美有多远。六西格玛的中心思想是，如果你能"测量"一个过程有多少个缺陷，你就能系统地分析出怎样消除它们和尽可能地接近"零缺陷"。

在六西格玛里，"流程"是一个很重要的概念。举一个例子来说明。一个人去餐厅吃饭。从他进餐厅开始到吃完饭为一个"流程"。而在这个流程里面还套着另一个"流程"，即服务员会协助点餐，然后服务员把这个餐单拿给厨师去做菜，这是餐厅的一个标准程序。去餐厅吃饭的人是服务员的"顾客"，叫"外在的顾客"，而同时服务员要把餐单给厨师，所以厨师也是一定意义上的"顾客"，这叫"内在的顾客"。在企业内，下一道工序是上一道工序的"顾客"。

另一个重要的概念是"规格"。客户去餐厅吃饭，时间是很宝贵的。上菜需要多长时间就是客户的"规格"。客户要求在 20 分钟内上菜，20 分钟就是这个客户的规格。而如果餐厅员工要用 25 分钟才能上菜，那么，这就叫作"缺陷"。"机会"，指的就是缺陷发生的可能性。

一、六西格玛管理的实施程序

（1）辨别核心流程和关键顾客：随着企业规模的扩大，顾客细分日益加剧，产品和服务呈现出多样化，人们对实际工作流程的了解越来越模糊。获得对现有流程的清晰认识，是实施六西格玛管理的第一步。

（2）辨别核心流程。核心流程是对创造顾客价值最为重要的作业环节，如吸引顾客、订货管理、装货、顾客服务与支持、开发新产品或者新服务、开票收款流程等，它们直接关系顾客的满意程度。与此相对应，诸如融资、预算、人力资源管理、信息系统等流程属于辅助流程，对核心流程起支持作用，它们与提高顾客满意度是一种间接的关系。不同的企业，核心流程各不相同，回答下列问题，有助于确定核心流程：企业通过哪些主要活动向顾客提供产品和服务？怎样准确地对这些流程进行界定或命名？用来评价这些流程绩效或性能的主要输出结果是什么？

（3）界定业务流程的关键输出物和顾客对象。在这一过程中，应尽可能避免将太多的项目和工作成果堆到"输出物"栏目下，以免掩盖主要内容，抓不住工作重点。对于关键顾客，并不一定是企业外部顾客，对于某一流程来说，其关键顾客可能是下一个流程，如产品开发流程的关键顾客是生产流程。

（4）绘制核心流程图。在辨明核心流程的主要活动的基础上，将核心流程的主要活动绘制成流程图，使整个流程一目了然。

二、定义顾客需求

收集顾客数据，制定顾客反馈战略。缺乏对顾客需求的清晰了解，是无法成功实施六西格玛管理的。即使是内部的辅助部门，如人力资源部，也必须清楚了解其内部顾客——企业员工的需求状况。建立顾客反馈系统的关键在于：将顾客反馈视为一个持续进行的活动，看作是长期应优先处理的事情或中心工作。听取不同顾客的不同反映，不能以偏概全，由几个印象特别深刻的特殊案例会形成片面的看法。除市场调查、访谈、正式化的投诉系统等常规的顾客反馈方法之外，应积极采用新的顾客反馈方法，如顾客评分卡、数据库分析、顾客审计等，掌握顾客需求的发展变化趋势。

对于已经收集到的顾客需求信息，要进行深入的总结和分析，并传达给相应的高层管理者。

制定绩效指标及需求说明。顾客的需求包括产品需求、服务需求或是两者的综合。对不同的需求，应分别制定绩效指标，如在包装食品订货流程中，服务需求主要包括界面友好的订货程序、装运完成后的预通知服务、顾客收货后满意程度监测等，产品需求主要包括按照时间要求发货、采用规定的运输工具运输、确保产品完整等。一份需求说明，是对某一流程中产品和服务绩效标准简洁而全面的描述。

分析顾客各种不同的需求并对其进行排序。确认哪些是顾客的基本需求，这些需求必须予以满足，否则顾客绝对不会产生满意感；确认哪些是顾客的可变需求，在这类需求上做得越好，顾客的评价等级就越高；确认哪些是顾客的潜在需求，如果产品或服务的某些特征超出了顾客的期望值，则顾客会处于喜出望外的状态。

三、针对顾客需求评估当前行为绩效

如果公司拥有雄厚的资源，可以对所有的核心流程进行绩效评估。如果公司的资源相对有限，则应该从某一个或几个核心流程入手开展绩效评估活动。评估步骤如下。

选择评估指标。标准有两条：这些评估指标具有可得性，数据可以取得。这些评估指标是有价值的，为顾客所关心。对评估指标进行可操作性的界定，以避免产生误解。确定评估指标的资料来源。准备收集资料。对于需要通过抽样调查来进行绩效评估的，需要制定样本抽取方案。实施绩效评估，并检测评估结果的准确性，确认其是否有价值。通过对评估结果所反映出来的误差，如次品率、次品成本等进行数量和原因方面的分析，识别可能的改进机会。

四、辨别优先次序，实施流程改进

对需要改进的流程进行区分，找到高潜力的改进机会，优先对其实施改进。如果不确定优先次序，企业多方面出手，就可能分散精力，影响六西格玛管理的实施效果。业务流程改进遵循五步循环改进法，即 DMAIC 模式。

定义（D）。定义阶段主要是明确问题、目标和流程，需要回答以下问题：应该重点关注哪些问题或机会？应该达到什么结果？何时达到这一结果？正在调查的是什么流程？它主要服务和影响哪些顾客？

评估（M）。评估阶段主要是分析问题的焦点是什么，借助关键数据缩小问题的范围，找到导致问题产生的关键原因，明确问题的核心所在。

分析（A）。通过采用逻辑分析法、观察法、访谈法等方法，对已评估出来的导致问题产生的原因进行进一步分析，确认它们之间是否存在因果关系。

改进（I）。拟订几个可供选择的改进方案，通过讨论并多方面征求意见，从中挑选出最理想的改进方案并付诸实施。实施六西格玛改进，可以是对原有流程进行局部的改进；在原有流程问题较多或惰性较大的情况下，也可以重新进行流程设计，推出新的业务流程。

控制（C）。根据改进方案中预先确定的控制标准，在改进过程中，及时解决出现的各种问题，使改进过程不至于偏离预先确定的轨道，不至于发生较大的失误。

六西格玛管理的核心特征是：员工与企业的双赢以及经营风险的降低。在传统管理方式下，人们经常感到不知所措，不知道自己的目标，工作处于一种被动状态。通过实施六西格玛管理，每个人知道自己应该做成什么样，应该怎么做，整个企业洋溢着热情和正能量。员工十分重视质量以及顾客的要求，并力求做到最好，通过参加培训，掌握标准化、规范化的问题解决方法，工作效率获得明显提高。在强大的管理支持下，员工能够专心致力于工作，以工匠精神对待工作，减少并消除工作中的缺陷，大幅度地减少隐患。

　　用六西格玛衡量我们日常交付的工作质量是否达标，是否追求卓越，即追求 99.99966％的正品率，也就是一百万个机会发生 3.4 次失误。我们在多次安全现状评估时，采用六西格玛的方法评估所交付安全工作的质量，结果有的企业处于三西格玛阶段，也就是企业存在大量隐患，需要通过提高企业的质量管理来改进安全管理。

第十二章

管理激励机制

富之，贵之，敬之，誉之。

——《墨子·尚贤上》

上下同欲者胜。

——《孙子兵法·谋攻》

痛点： 企业明晰了任务目标，但是员工没有足够的动力去执行，被动管理问题长期无法解决，安全管理落地效果差。

第一节 权责分明

一、安全责任清晰

"安全责任清晰"，就是要按"三管三必须"的原则，即管行业必须管安全、管业务必须管安全、管生产经营必须管安全；层层落实安全责任，建立从主要领导到一线岗位的全员安全生产责任制，清晰界定不同部门之间、不同岗位之间的职责，防止出现职责交叉重叠或遗漏缺失的问题，构建全员、全过程的安全生产责任网络。

有些企业，部门之间各自为政，管理权限"下而不放"，看起来是责任层层传递、层层压实，但责任与权利严重不匹配，重点工作落不到地、流于形式，隐患治理推诿扯皮。究其根本原因是权责不等，制约了基层领导干部的工作积极性和创造性。也有一些企业因责任不清晰，为了全面管理单位的成本或限于管理制度，审批权限不下放或审批流程过长、对基层授权不充分，导致一些问题和隐患治理慢或长期存在，小隐患变为大隐患，将隐患变为事故。

有些企业提出了安全生产"五位一体"责任制，即"党委引领、行政主导、行业管理、安全监督、人人负责"管理理念，将各级人员的安全责任制落实得比较清楚。与"党政同责、一岗双责、齐抓共管、失职追责"和"三管三必须"高度一致。

二、如何划分安全职责关系

《安全生产法》规定，生产经营单位的主要负责人是本单位安全生产的第一责任人，对本单位安全生产工作全面负责，其他负责人对职责范围内的安全生产工作负责。分管安全领域的责任人，负责完成安全生产工作任务，并对任务的质量、安全负责，在完成任务的过程中，有权力寻求并调用各种资源；安全监管人员负责监督管理，相关职能部门履行本业务、本行业范围内的安全责任。在界定安全责任时，要按业务职能分工，清晰、准确地说明专业管理部门承担的具体安全责任。

主要负责人可以对副职或分管安全工作的领导在安全生产领域予以授权，但是不能把自己应当承担的责任授予他人，并明确界定负责人具体有哪些权力。

三、管理下沉，关口前移

企业如果希望任务目标得到高效实现，就需要让一线负责人具有相应的责任和权力，学会自主管理，激发一线负责人的工作积极性、创造性。这种权力包括对下属的任命权、考核权、处罚权、奖励权等。班组是最前线的关口，是安全管理的最小单元，大部分安全问题和事故都在班组中发生，而安全管理措施的落地也要靠一线班组来落实，班组长是一线最直接、最前沿的指挥者和作战者，必须授权给班组长选择岗位人员和考核的权限，让他有充分管理手段来及时制止"三违"并检查现场的不安全因素和隐患，并给上级管理者提供最直接的决策依据。

第二节　考核到位

安全工作既需要过程保障，又需要目标导向，二者都离不开安全考核作支撑，不同的阶段应用不同的考核方法。

一、目标责任考核

洛克（J.Locke）提出了目标设置理论，目标是一种强有力的激励，是激发人积极性的重要过程，是完成工作的最直接的动机，也是提高管理水平的重要过程。

近年来安全生产目标责任制管理更加规范，范围更加广。政府、行业和企业上下级之间都应用了目标责任制管理方法，且取得了很好的效果。对企业来讲，要求围绕企业安全生产的中长期目标、年度和短期的合理的目标，如零事故、零伤害、零违章、零隐患目标，将责任和措施从上而下进行分解细化，并且"横向到边、纵向到底"，横向到边就是把企业安全总目标分解到机关各职能部门；纵向到底就是把企业总目标由上而下按管理层级分解到分公司、车间、班组直到每个职工，建立多层级安全目标体系和考核细则。安全目标考核管理遵循 SMART 原则。

S（specific）具体的、明确的：安全目标和考核要具体化、定量化、数据化，如要求重特大事故、生产死亡和重伤率为零。

M（measurable）可以测量的可以度量的：制定定量的考核细则，利用具体考核工具，进行公开、公正、公平的考核，实行奖优罚劣。如以年度任务和具体指标按百分制或按企业安全生产标准化考评标准进行量化考核。

A（attainable）可达到的：安全目标具有先进性和可达性，制定的目标一般略高于实施者的能力和水平并相比于过去实现的目标有所提高，做到"跳起来摘桃子"。

R（relevant）相关的：安全目标既要纵向上保证上级下达指标的完成，又要横向上考虑企业各部门实现目标的能力，以使各部门、各项目部及每个职工都能接受，共同努力去完成。

T（time-bound）有时限的：设定目标的实现周期或某个具体项的具体时限要求。一般来说是以一个项目或年为单位来设定时限的。

二、过程管理考核

（1）按照安全标准化管理中的要素，制定公司年度安全生产工作方案、实施细则，通过过程检查与考核结果，开展岗位巡查、日检、周检、季度检查、专项检查，督促各单位实现全年安全环保目标任务并持续激励员工。

（2）按照PDCA闭环模式，从人、机（物）、环、管等方面入手，事先识别风险、落实责任，做好计划与安排，事中落实工程技术、教育培训和管控措施，强化过程管控和监督检查，事后总结提高。

P（plan）——计划。事先针对企业的安全生产实际进行调研，制订计划或下一步的整体安全规划，根据安全责任制的职责要求，明确计划安排、保障措施、目标任务及管理考核等。

D（do）——执行。组织实施人按照计划安排，落实措施，协调资源，进行全员、全过程、全方位、全天候过程管理，及时安全检查与纠偏，保障实施过程安全。

C（check）——检查与考核。开展过程安全检查与考核，层层抓落实，共同保证安全任务的实施。及时提醒、反馈和纠偏，必要时要实行安全一票否决制，以保证措施的贯彻落实。

A（act）——处理。主要包括目标的评价、考核及结果应用。

第三节　全方位激励

激励是指利用各种有效手段，对受激励对象的各种需要和愿望予以不同程度的满足（正激励）或限制（负激励），全面激活其热情，从而促使其为追求特定目标而在实现过程中持续保持高昂的情绪和积极的状态，自发将潜力充分发挥，全力达到预期目标。

一、激励理论

激励理论包括赫茨伯格的双因素理论、马斯洛的需求层次理论、大卫·麦克利兰的成就动机理论、弗鲁姆的期望理论等。激励不仅是科学，更是艺术。

二、如何进行安全激励

人有趋利避害的倾向，通过适当的激励可以激发员工的潜力，使员工有更强的能力和更多的注意力来重视安全。通过长期激励，可以使员工将安全作为一切工作的前提，在思想上高度重视和行动上自觉遵守。

三、安全激励的方法

安全管理中的激励机制应该采取长效的激励方式，使激励成为一个持续的过程。长效安全管理中的激励机制要重视精神与物质的有机结合。

1. 物质激励

激发员工努力工作的因素有很多，按照马斯洛的需求层次理论，个人低层次的需求要首先得到满足，然后他才会考虑高层次的需求。毋庸置疑，在没有实现财富自由之前，对个人而言，物质激励仍然是有效手段之一。所以恰当与及时的物质奖励，具有很强的引领与激励作用，要让物质奖励有效融入安全工作与生产经营中，将月度、季度、年度的安全工作绩效考核与工资和奖金挂钩，保证安全工作与当期的工作任务同时开展、同步进行。

2. 精神激励

精神激励即内在激励，是指精神方面的无形激励，就是激发人的内有潜力，开发人的心智能力，调动人的积极性和创造性。在安全管理中常用的精神激励有下面几类。

（1）培训激励。培训是企业生存和发展的基础，员工要有终身学习的理念。将安全培训融入员工业务技能培训之中，对员工安全意识和技能与业务业绩、个人成长同步进行激励，调动员工的学习积极性、主动性。采取内聘外请、线上线下等形式多样的，多媒体、互动教学等寓教于乐的安全培训。

（2）荣誉激励。荣誉可以成为不断鞭策荣誉获得者保持和发扬成绩的力量，还可以对其他人产生感召力，激发比、学、赶、超的动力，从而产生较好的激励效果。主要是把安全工作成绩与晋升、选模范、评先进联系起来。比如企业将评选出的安全先进工作者在年度工作会上给予表彰，并利用公司的微信平台等新媒体进行大力宣传，形成浓厚的氛围，扩大其知名度，从而提高人员积极性。

（3）晋升激励。将做好安全工作作为晋升的前提条件，通过员工从低一级的职位提升到高一级的职务，同时赋予其与新职务一致的责、权、利的过程，从而达到选拔人才和激励现有员工的目的，使更多优秀的安全管理员工到更高、更重要的岗位上工作，对员工或对企业发展都有十分重要意义。

（4）尊重激励。人人都希望自己有较高的社会地位，并且个人能力和成就得到社会的承认和尊重，特别是对一线员工、安全管理人员以及为安全做出贡献者，更应给予足够的尊重。从信任、尊重、支持三个方面，以高度的责任心、平和的态度、真挚的感情对待每一个员工，安全工作才得以顺利开展。

（5）榜样激励。榜样的力量是无穷的，榜样是一面旗帜，使人学有方向、赶有目标，起到巨大的激励作用。榜样激励指对安全管理中的做法先进、成绩突出的个人或集体，加以肯定和表扬，要求大家学习，从而激发团体成员积极性的方法。首先要树立榜样。其次要对榜样的事迹广为宣传。再次是给榜样奖励，这些奖励中当然包括物质奖励，但更重要的是无形的受人尊敬的待遇，这样可以提升其他员工学习榜样的动力。

（6）沟通激励。沟通激励能提升安全管理人员的认识。通过有效的沟通让员工对先进的管理经验和好的做法在思想上高度认可、行为上主动接受，达到共同提升的目的。

（7）情感激励。开展"家文化"建设，开展亲人的安全寄语、企业领导的安全关怀等活动，让员工感受到企业"大家庭"的温暖。注重感情的投入和交流，注重人际互动关系，充分发挥情感激励作用，能提升员工的归属感和幸福感。组织开展形式多样、丰富多彩的安全文化活动，让员工参加一些重大活动，比如开展隐患有奖举报制度、安全知识竞赛等活动，来提高员工对组织的认同感。

综上可见，使用适当的方法进行安全激励，对安全业绩突出的员工在收入、职级、待遇等方面给予相应的激励，让员工感受到自己的付出得到了回报和组织的认可，这样可以促使各层级人员自发参与到安全管理工作中来，激励员工向着更高的目标去奋斗。

目前，许多企业还存在着：目标定下来、任务分下去，责任考核细则也有，但管理仍是推不动的情况，往往会出现安全工作敷衍了事、消极懈怠、侥幸心理、逆反心理、习惯性违章等问题。如果出现这些情况，那么就有可能是企业的安全激励方面出问题了。所以，今后还要健全安全管理中的激励与绩效挂钩的科学的评估体系，不断更新完善企业各项安全管理的激励方法，最终形成一种文化性的管理方法，提升安全管理人员的管理能力。

第十三章

大道至简，易于执行

妙言至径，大道至简。

——《还金述》

痛点： 部分企业既运行职业健康安全管理体系，又运行安全生产标准化，也就是做着重复性工作。在日常的工作中需要花大量的时间和精力做书面留痕工作。为了开展一项工作可能需要找一群管理人员签字批准，费时费力，挫伤了一线人员的工作积极性。烦琐程序让人望而生畏，员工怎么能充满激情，怎么能严格遵守呢？

第一节　什么是大道至简？

现场一线的人员都不愿意执行烦琐复杂的管理程序。实际上管理程序越简单越容易在现场执行，越容易实现管控安全风险的目标，所以在安全管理过程中一定要懂得：大道至简，易于执行。

"大道至简，衍化至繁"出自老子的《道德经》。"大道"是指事物的本源，生命的本质。大道至简是指大道理（基本原理、方法和规律）是极其简单的，简单到一两句话就能说明白。所谓"真传一句话，假传万卷书"，越是简单的，越是有效，越是长久。简，就是简单，就是"清水出芙蓉，天然去雕饰"。说话简明扼要，要言不烦；办事直奔主题，干净利落；行文言简意赅，开门见山；程序减少环节，少来弯弯绕；就是服装也要简单干净，大方得体。简单的反义词是复杂，表现在说话上，是官话、套话、大话加空话，让人难以忍受；体现在办事上，是繁文缛节，扯皮敷衍，效率低下，令人烦不胜烦。老子说："天下难事必作于易，天下大事必作于细。"我们要化繁为简，要追求大道至简，从而提高执行力和效率。

一、大道至简是博大精深的升华

只有在博大精深的基础上，通过融会贯通才能实现大道至简。就像读一本书，初读是从薄到厚，也就是从简单到复杂，再读是从厚到薄，也就是从复杂到简单，最后就只剩下一个纲要，这就是"简"。壳牌石油公司2008年左右对公司历史上发生的所有死亡事故进行大数据分析，最后形成了保命规则，也就是说，如果历史上的事故，在发生前遵守了这些保命规则，就不会造成人员死亡。保命规则发布以后，壳牌石油公司在全世界的每个业务现场进行宣贯和执行，每个人随身携带图文并茂的保命规则卡片。壳牌石油公司明文规定：第一次违反保命规则口头警告；第二次违反保命规则书面警告；第三次违反保命规则解雇。另外非常直白地说明：如果任何人或现场不知道如何开展安全工作，那就从执行保命规则开始。经过3年的严格执行保命规则，壳牌石油公司既提高了全员的安全意识，又大幅度地提高了壳牌石油公司的安全绩效，壳牌石油公司成为行业的标杆。壳牌石油公司的保命规则被OGP（国际油气生产者协会）采纳，OGP在全球推广执行，当前几乎每个石油化工企业都在开发或推广自己的保命规则。

二、大道至简是去粗取精的结果

只有洞察事物的本质和相互关系，并再博采众长，去粗取精，才能实现大道至简。精益生产在全世界被认为是最好的、最简单的、最有效的去粗取精的管理方式之一，许多企业都在开展精益生产，既杜绝了浪费，又提高了效率，也预防了事故。

三、大道至简是专注的结果

只有专注，只有长期坚持，才能厚积薄发，才能实现大道至简。没有专注，没有坚持，不可能实现大道至简。乔布斯说："人们认为专注就是要对自己所专注的东西说'yes'，但恰恰相反，专注意味着要对上百个好点子说'no'，因为我们要仔细挑选。这就是我的秘诀——专注和简单。简单比复杂更难：你必须费尽心思，让你的思想更单纯，让你的产品更简单，一旦做到了简单，你将无所不能。"简单是高级形式的复杂，越是高级的东西越是简单，简到极致，便是大智；简到极致，便是大美，完美的常常是最简单的。

乔布斯的简单理念是科技和人文艺术的完美结合，是贯穿在产品、组织和战略之中的系统化理念。第一，"简单"的产品：把简单呈现给用户，把复杂留给自己。苹果产品都没有使用说明书，小孩子自己摸索着就会使用苹果产品。第二，"简单"的沟通：坚持原则、说真话。乔布斯在苹果培育说真话的企业文化，这种"直来直去"的沟通方式使团队免于在解读别人话语上浪费时间和精力。第三，"简单"的战略：乔布斯重新回到苹果公司之后，发现公司的产品太多、太杂了，果断地砍掉了90％的产品线，只专注在几款产品上，结果这几款产品非常成功，打造成了产值千亿美元的商业帝国。

四、大道至简是解决问题的方法

受各种因素的影响，许多人都习惯了烦琐复杂，习惯了低效率，只有敢于担当的人才愿意承担化繁为简的责任，做出改变。厉害的人会把复杂的问题简单化，而不会把简单问题复杂化。世上再大再难的事情，只要"一分为二"就很简单了，再难的事情从简单入手，就能解决，就能完成。

五、大道至简是综合水平的体现

没有博大精深的基础，没有融会贯通的总结，没有去粗取精的提炼，没有追求完美的思维，没有长期的专注，没有实践的检验就不会有大道至简，大道至简是综合水平的体现。只有在实践中多次应用，从实践中来，再到实践中去，经过多次循环往复，最终才能实现大道至简。

第二节　培养化繁为简的能力

工作中，有的人把简单的事办复杂了，原本短时间或几个步骤就能完成的工作，因为种种原因变得烦琐，使自己陷入忙乱被动；而有的人则善于把复杂的事情简明化，办事效率高、成效好，得到领导认可和群众点赞。二者相比，工作能力高低立现。在工作和生活中，我们提倡化繁为简，要学会在头绪众多、纷繁复杂的事务中剔去浮华、除去烦冗，从而最大限度利用有限的时间和精力。这里的"简"不是简单粗糙，更不是片面唯简论，而是强调简略得当、突出重点、科学高效。

从哲学角度而言，化繁为简是一种透过现象看本质、善于抓住主要矛盾的思维方法。它要求凡事找规律，在抓住事物本质和主要矛盾的基础上，以最简洁、最高效的方法解决问题。真正的思想家、实干家，往往都善于把复杂的问题简明化，能够从看似一团乱麻的现象中抽丝剥茧、理清思路，找到解决问题的关键，从而实现目标。现实中，人们之所以觉得很多问题复杂难解，根本在于没有抓住问题的本质，没有抓住事物的主要矛盾，没有找到问题现象与客观规律之间的内在联系。这就需要我们首先从思想上认识到化繁为简是一种有效的工作方法，以积极的态度学习和掌握唯物辩证法的科学思维方法，提高化繁为简的能力。

图 13-1 为 CNRMR 简化模型。该模型以简单高效为中心，人们在做任何事情的时候都要专注深入（C）地研究清楚，并抓住事情的本质（N），剔除（R）任何多余的、没有意义的部分，然后形成有效的解决问题的方法（M），并具体应用该方法，最后获得相应的成果（R）。许多人认为创新离自己很遥远，其实抓住事物的本质，化繁为简，改变做事的方法，本质上就是管理创新。

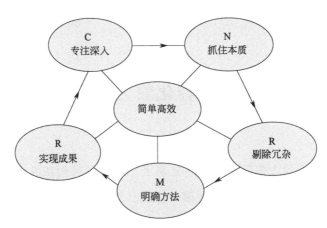

图 13-1　CNRMR 简化模型

化繁为简是纠治形式主义的利器，国家发布《关于解决形式主义突出问题为基层减负的通知》，一个重要目的就是采取多种措施为基层松绑减负，这也要求我们在化繁为简上下功夫。化繁为简，有利于我们拨开云雾、找准方向、理清思路，集中精力抓主责、主业，把无益于战斗力提高的事务剔除出去，整治繁文缛节，祛除歪风邪气，让形式主义没有生存空间。实践中化繁为简，要求我们办事注重效率，行文言简意赅，讲话简明扼要，落实务求实效；扔掉不合时宜的老办法、旧经验，注重与时俱进、勇于创新，用新思路找到解决问题的最佳方案，用符合实际的新方法解难题、促发展。

化繁为简是一项重要的生活和工作能力，是一项透过现象看本质的能力，是一项能够从一堆乱麻中抽丝剥茧，理清思路，找到"牛鼻子"的能力，是改变思维方式的能力。我们需要系统地提高自身化繁为简的能力。

1. 洞察能力

洞察能力是透过现象看到本质的能力，更多的是分析和判断的能力。洞察能力也称预见力，是指一个人多方面观察事物，从多个问题中把握其核心的能力。洞察能力使人们能抓住问题的实质，而不只是看到外表现象。洞察能力意味着能看到规律，看到本质，看到让事情发生的始作俑者。洞察能力其实在很大程度上是与自己的思考力相关联的，对问题思考的力度和深度直接决定了人们的洞察能力。有句话影响了很多人："花半秒钟就看透事物本质的人，和花一辈子都看不清事物本质的人，注定是截然不同的命运。"也就是说有洞察能力的人与没有洞察能力的人的命运有天壤之别。

洞察能力高的人能够简化逻辑推导过程，能够直接从表象推导出结果。从 A 推导出 B，推导出 C，推导出 D，推导出 E 是逻辑推导过程，而洞察能力高的人可以从 A 推导出 E，省略了推理和证明的过程。就像一叶知秋，从一片叶子掉落，推导出秋天来了。看到 3G 信号的普及和 iPhone 的发布，做了三年投资人的雷军洞察到中国智能手机的市场，决定投身手机行业，成功抓住了中国智能手机的红利，创造了小米商业帝国。

爱迪生让助手测量一个梨形灯泡的容积。助手接过后，立即开始工作，他一会儿拿标尺测量，一会儿计算，又运用一些复杂的数学公式，几个小时过去了，就是没有结果。就在助手又搬出几何知识，准备再一次计算灯泡的容积时，爱迪生进来了。爱迪生拿起灯泡，向里面装满水，递给助手说："你去把灯泡里的水倒入量杯，就会得出我们所需要的答案。"

2. 溯源能力

溯源能力就是追寻根本，探索源头的能力。《道德经》讲"一生二、二生三、三生万物"，就是说万事万物都是由"一"起源的，"一"是源头，没有这个"一"就不存在后面的二、三等。化繁为简就是要找出这个"一"，从根本上解决问题。如果找不到"一"，就无法从根本上解决问题，往往是今天解决了一个局部问题，明天再解决另外一个局部问题，后天又有一个局部问题等着我们。

当一个地方发生了疫情，大家往往会寻找"零号病人"。"零号病人"指的是第一个得传染病，并开始传播病毒的病人。为什么要寻找"零号病人"？寻找"零号病人"有助于最快、最准确地确认传染源和传播途径，了解病毒的特性，对血清、疫苗等抑制或治愈性药物的研发起到重要作用。

3. 分解能力

所谓的分解，就是把一件复杂的事情分成有序的步骤，分解强调的是逻辑和顺序，有条理地把一个复杂的事情解决。分解时，分解对象由哪些关键要素构成，实现这个事情的关键步骤是什么，哪些步骤不可少，哪些可以删减，阶段性成果有哪些，这些都需要考虑清楚，然后再制订行动计划，按部就班去做。

某大学的一个研究室里，研究人员需要弄清一台机器的内部结构，这台机器里有一个由 100 根弯管组成的密封部分，要弄清内部结构，就必须弄清每一根弯管的入口与出口。大家想尽了办法，甚至动用某些仪器探测机器的结构，但都没有解决问题。后来，一位在学校工作的老花匠，提出一个简单的方法，很快就将问题解决了。老花匠所用的工具，只是两支粉笔和几支香烟。他的具体做法是：点燃香烟，吸上一口，然后对着一根管子往里喷，喷的时候，在这根管子的入口处写上"1"。这时，让另一个人站在管子的另一头，见烟从哪一根管子冒出来，便立即也写上"1"。照此方法，很快便把 100 根弯管的入口和出口全都弄清了。

4. 培育简单文化的能力

企业应该培育简单的文化，也就是让大家都反对繁文缛节。任何人都要体现简单文化，体现高效。杰克·韦尔奇认为组织要有效，必须简单，组织要简单，其内部人员必须在智力和心理上双重自信，缺乏安全感、惊恐、紧张的管理者往往使组织变得复杂。员工应该做到目标清晰准确、具有自信，这样才能确保组织上下每个人都了解企业正在试图实现的目标，但这并不容易。人们往往会担心如果他们保持简单，其他人会认为他们头脑简单、不专业。当然，在现实中情况正好相反，清晰、坚强的人是最简单的，正是这些人培育了企业的简单文化。

麦肯锡培育简单文化的著名做法就是"电梯法则"，要求公司员工凡事要在最短的时间内把结果表达清楚，直奔主题、直奔结果。麦肯锡认为，一般情况下人们最多记得住一二三，记不住四五六，所以凡事要归纳在 3 条以内。"电梯法则"来源于麦肯锡公司的一次沉痛教训：麦肯锡为一大客户做咨询，麦肯锡项目负责人在电梯间里遇见了客户的董事长，董事长问麦肯锡项目负责人："你能不能说说现在的项目成果呢？"由于该项目负责人没有在电梯从 30 层到 1 层的 30 秒钟内把项目成果说清楚，麦肯锡失去了这一大客户。

第三节　安全工作特别需要大刀阔斧地简化

目前，部分企业将安全工作做得特别复杂、特别烦琐，严重影响了全员参与安全工作的积极性，当然也影响了最终的安全绩效。笔者和团队在为客户服务期间，开展了大量的化繁为简的工作，并取得了一定的成效。

一、QHSE 管理体系整合

针对部分企业既运行职业健康安全管理体系，又运行安全生产标准化的重复性做法，我们一直呼吁企业应该只运行其中的一个，不能做重复多余的工作。其次，我们支持客户将质量管理体系、环保管理体系、职业健康安全管理体系融合成 QHSE 管理体系，因为这几个体系都是应用国际标准化组织统一的术语和方法进行运行的，完全可以整合。

针对双重预防机制建设，我们支持客户将双重预防机制建设的两个要素——风险管控和隐患排查治理与安全管理体系相对应，不另起炉灶，只是强化体系的执行，使客户的工作量大大降低，也没有带来混乱。当企业认识到职业健康安全管理体系等同于安全生产标准化，当我们认识到风险管控和隐患排查治理是职业健康安全管理体系的核心要素，也是安全生产标准化的核心要素，企业就不会同时运行两套体系，企业也不会另起炉灶开展双重预防机制建设，这样就简化了重复性的工作，提高了工作质量。

二、源头管控

当前许多安全教科书认为造成事故的危险源有两类：第一类危险源和第二类危险源。第一类危险源是造成人员伤亡、财产损失、环境污染的能量和危险有害物质；第二类危险源是不安全行为、不安全状况和管理的缺失。一个事物的"源"，怎么会有两类呢？许多企业按照这个定义对企业的危险源进行识别，结果一个小型洗煤厂识别出 2000 多项危险源，其实是搞错了，因为所谓的第二类危险源是隐患，不是真正的危险源，将隐患当作危险源对待，所以数量大增。笔者研究和对照了多个安全理论，最后根据能量意外释放理论，认为：第一类危险源是"源"，第二类危险源不是"源"，而是"源"释放的隐患。《风险管理之屏障思维》中定义的危险源：造成人员伤亡、财产损失、环境污染的能量和危险有害物质。没有能量和危险有害物质就不会有事故，能量和危险有害物质是造成事故的源头。我们按照这个危险源定义对前文提到的洗煤厂重新进行危险源识别，最后识别和确认了 40 多个危险源，而将原来所谓的 2000 多项"危险源"当作隐患进行治理。看起来只是一个简单的调整，但本质上是管理人员和员工将事故预防的重心放在真正的危险源管控上，大家盯着 40 多个危险源，而不是盯着 2000 多个假"危险源"。抓住有限的危险源进行管控，才是真正地从源头预防事故。

三、屏障维护

在部分企业的日常安全生产过程中，员工要遵守的程序烦琐复杂，要留痕的记录多如牛毛，要应付的各种检查不计其数，要召开的会议一个接着一个，要安排的培训每天都在做，这些工作都是预防事故的直接措施吗？这些工作都能帮助预防事故吗？我们经过深入分析，发现维护屏障是真正直接预防事故的具体措施，而安全会议、安全培训等活动都不能直接预防事故。只有当安全会议和安全培训是关于维护具体的屏障时才是有效的，要不然安全会议和安全培训就是浪费资源。

我们引导企业将大家的工作重心、关注点和精力放到屏障维护方面，企业开展的领导示范、设备管理、风险管理、安全程序、沟通、检查、会议、质量保证、事故调查、能力培养、应急管理、QHSE 管理体系、安全文化重塑等活动或工作都是为了有效维护屏障。大家深入一线专注于屏障维护，将所有的力量都集中在屏障维护，这样就简化了安全思路，提高了工作效率，也就有效预防了事故。图 13-2 为屏障维护的内容。

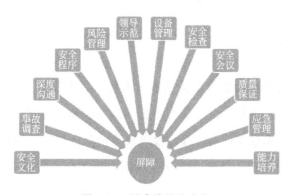

图 13-2　屏障维护的内容

四、开发和践行保命规则

如果企业的各种安全制度和程序特别多，现场的人员便不清楚哪些程序是重点，也不便于记忆，不利于预防事故。笔者参考许多优秀企业的经验，支持客户开发简洁明了、图文并茂、容易记忆的保命规则。保命规则一般只有 10 条左右，既便于记忆，又能抓住预防事故的关键行为，得到企业全员的支持和认同。图 13-3 为保命规则示例。

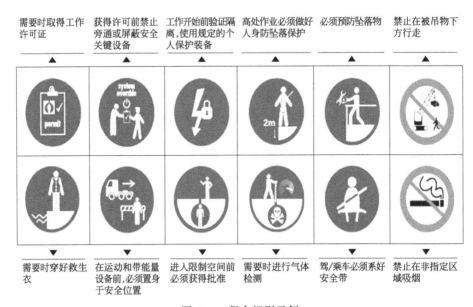

图 13-3　保命规则示例

五、报表合并

　　部分企业的多种报表重复，或者没有价值，占用了大家的时间，却不能有效预防事故。笔者在为一家客户公司服务时研究了客户每个班组的 12 套报表，发现许多报表重复，部分报表没有价值。当时我们建议合并报表，结果反对的首先是安全经理，安全经理担心报表合并后发生事故，自己无法交差。也就是说安全经理以重复的报表当作自己履职的护身符，安全经理没有站在公司的角度考虑工作效率，没有考虑工作质量。最后我们和总经理深入沟通，在总经理的支持下，通过合并重复的、删除多余的没有价值的报表，将 12 套报表简化成 4 套。报表简化之后，许多直线管理人员说出了实情，以前根本没有时间和精力认真地填写这些报表，只能应付。本次报表简化得到广泛的支持，提高了员工的积极性，也就提高了执行力。

六、优化流程和程序

当前许多企业的安全程序太复杂，许多制度也不符合实际情况，许多员工不认同这些复杂的制度，所以执行和遵守制度的积极性不高。许多企业的管理人员觉得自己忙于战略制定、忙于客户拜访、忙于各种会议，也就没有时间参与制度的修订，这种想法导致形成的制度太复杂，或者不切合实际。笔者在安东石油工作期间，安东专门有一个流程优化部门，该部门和各产品线在年初制订流程优化工作计划，大家一起简化流程，优化制度，当时每年能优化 300 多个流程并修改配套的程序。该项工作有效地简化了流程和程序，剔除了多余的步骤，有效地提高了员工对流程和程序的认可度，也就提高了遵守的力度。

七、简化培训

当前企业和政府开展了大量的安全培训，但是部分培训的质量不高，也没有做到学以致用，所以效果比较差。笔者在支持客户培训时按照 GPMPC 学以致用模型策划、交付和开展培训，每次培训一定要明确目标和现场发生的改变。应用 GPMPC 学以致用模型后，客户培训的次数减少了，而培训之后的效果提高了，因为以前的许多培训没有明确目标，也没有引导客户在培训之后进行具体的应用，是为了培训而培训，当然没有效果。同时应用"手指口述"的方式在现场培训一线操作工，班组长或师傅亲自在现场示范培训，一线操作工能做到随学随用。班组长或师傅在培训前需要思考和总结，所以现场"手指口述"式的培训既培训了一些操作工，也提高了班组长和师傅的能力。

八、优化安全检查

部分企业的安全检查名目繁多，员工只能应付检查，而不能静下心来落实管控措施。企业安全检查的本质是检查企业如何按照国家的安全法律法规或者企业的安全管理体系或安全生产标准化管控风险，同时抽查工作的执行情况。这种检查方式是从整体出发，同时支持企业在一线有效地执行安全管理体系或安全生产标准化，其实壳牌和通用汽车等公司都是采用这种安全检查的方式。可是企业往往忙于排查具体的隐患，大家整天都想着隐患，都成了"隐患排查专家"。其实，应先进行风险管控，先落实屏障，再去排查隐患，也就是检查屏障是否有漏洞，如果有漏洞就立即整改，隐患排查的目的是维护屏障有效。当前的做法没有全面地进行风险评估，没有先落实屏障，这本身就是最大的隐患，一定要先落实屏障，再排查治理隐患。只有这样才能实现"将风险管控挺在隐患排查前面，将隐患排查挺在事故前面"。

参考文献

[1] 张华. 张华谈卓越安全. 安全, 2018, 39 (08)：1-4.

[2] 张华, 等. 新任 CEO 以安全为突破口 结果会如何. 现代职业安全, 2019, (09)：81-82.

[3] 陈百兵. 安全没有捷径可走——访歆迪安全技术服务有限公司总经理张华. 现代职业安全, 2019, (06)：12-14.

[4] 张振军, 刘治军, 牛子清, 崔宝珠, 张华. "盲演"式应急演练的组织与实施 ——延长石油管道运输第四分公司突击演练. 现代职业安全, 2020,(12)：28-29.

[5] 张华等. 袁奎追求卓越——安徽海螺集团安全文化核心建设经验分享. 现代职业安全, 2019, (10)：49-50.

[6] 张华. 跳出安全 谋划安全. 现代职业安全, 2020, (09)：60-61.

[7] 张华. 卓越安全解决方案. 现代职业安全, 2021 (01)：46.

[8] 陈东锋, 籍尹超, 张华, 樊东东. 行为习惯与飞行安全. 现代职业安全, 2018,(05)：26-28.

[9] 王海洋, 曹斌, 王微微, 杨磊, 杨蒙歌, 张华. 基于作业岗位安全风险管控的探索与实践. 现代职业安全, 2022, (06)：82-85.

[10] 张华, 张骥. 风险管理之屏障思维. 北京：应急管理出版社, 2020.

[11] 张骥. 新时代应急培训的内涵、特征及途径. 中国应急管理, 2021, (04)：42-47.

[12] 张骥. 做好安全与应急培训的关键要素. 中国培训, 2021, (06)：57-58.

[13] 张骥, 翁翼飞. "广大"处着眼 "精微"处入手——应急管理干部大培训工作纪实. 中国应急管理, 2022, (05)：72-75.

[14] 刘刚. 中国传统文化与企业管理. 北京：中国人民大学出版社, 2010.

[15] 刘刚. 品国学悟管理. 北京：中国人民大学出版社, 2015.

[16] 刘刚. 管理学原理. 北京：中国人民大学出版社, 2014.

[17] (美)彼得·德鲁克. 管理的实践. 齐若兰 译. 北京：机械工业出版社, 2006.

[18] 宣林, 等. 孙子兵法. 成都：四川文艺出版社, 2002.

[19] 全国干部培训教材编审指导委员会. 领导力与领导艺术. 北京：党建读物出版社, 2015.

[20] (美)史蒂芬·M. R. 柯维, 丽贝卡·R. 梅丽尔. 信任的速度. 王新鸿 译. 北京：中国青年出版社, 2008.

[21] (美)彼得 S. 潘迪, 等. 六西格玛管理法. 毕超 等译. 北京：机械工业出版社, 2017.

[22] 张国有 . 企业驱动力：文化的力量 . 北京：企业管理出版社，2018.

[23] 傅贵 . 安全管理学 . 北京：科学出版社，2013.

[24] （美）詹姆斯·R. 埃文斯、威廉·M. 林赛 . 质量管理与质量控制 . 焦叔斌 主译 . 北京：中国人民大学出版社，2013.

[25] 亨利·明茨伯格 . 管理者而非 MBA. 杨斌 译 . 北京：机械工业出版社，2010.

[26] 应急管理部培训中心 . 安全与应急培训概论 . 北京：应急管理出版社，2021.

[27] 全国干部培训教材编审指导委员会 . 全面践行总体国家安全观 . 北京：人民出版社，2019.

[28] （美）拉里·博西迪，拉姆·查兰 . 执行 . 刘祥亚 等译 . 北京：机械工业出版社，2003.

[29] （美）马克·欧文，凯文·莫勒 . 协同 . 陶亮译 . 北京：中信出版社，2019.

[30] （美）米歇尔·渥克 . 灰犀牛 . 王丽云译 . 北京：中信出版社，2017.

[31] （美）罗伯特·西奥迪尼 . 影响力 . 闾佳 译 . 北京：中国人民大学出版社，2006.

[32] （美）肯·布兰佳，等 . 知道做到 . 刘祥亚等译 . 广州：广东经济出版社，2015.

[33] （美）柯维 . 高效能人士的七个习惯 . 高新勇等译 . 北京：中国青年出版社，2002.

[34] 杰弗里·克鲁杰 . 化繁为简 . 赵雪等译 . 南京：凤凰出版社，2010.

[35] （德）莫里茨·胡贝尔 . 永不放弃 . 郝湉译 . 北京：中信出版社，2009.

[36] 王健达 . 万达哲学 . 北京：中信出版社，2014.

[37] 梭伦 . 以人为本 . 北京：中国纺织出版社，2003.

[38] （美）亨利·克姆斯-霍斯，等 . 共创式教练 . 王宇译 . 北京：电子工业出版社，2014.

[39] （美）萨提亚·纳德拉 . 刷新 . 陈召强，杨洋译 . 北京：中信出版集团，2018.

[40] 蒋巍巍 . 向上管理的艺术 . 北京：人民邮电出版社，2015.